—传播学—

社会机器人走进家庭

——人工智能将如何改变日常生活

黄 莹◎著

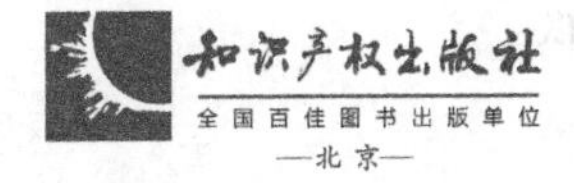

图书在版编目（CIP）数据

社会机器人走进家庭：人工智能将如何改变日常生活/黄莹著. —北京：知识产权出版社，2022.12

ISBN 978-7-5130-8486-4

Ⅰ.①社… Ⅱ.①黄… Ⅲ.①人工智能—研究 Ⅳ.①TP18

中国版本图书馆 CIP 数据核字（2022）第 226891 号

内容简介

本书将社会机器人这一议题带入传播学领域，分析家居情境下社会机器人使用者的经验和公众对机器人进入日常生活的接受意愿，探讨人工智能将如何改变日常生活。本书有三个特点：第一，系统介绍社会机器人、人机传播等概念，为相关研究添砖加瓦；第二，定性和定量研究兼备，系统诠释人工智能进入日常生活带来的影响；第三，详细描绘中国社会情境下用户对以社会机器人为代表的新媒介技术的驯化，是中国实践、中国经验的具体映射。

本书可作为高等院校新闻传播学及相关专业的参考用书，可供新闻传播和机器人开发及设计领域的从业者参考，也可供对智能传播感兴趣的读者阅读。

责任编辑：张雪梅　　**责任印制**：孙婷婷

封面制作：智兴设计室

社会机器人走进家庭——人工智能将如何改变日常生活

SHEHUI JIQIREN ZOUJIN JIATING——RENGONG ZHINENG JIANG RUHE GAIBIAN RICHANG SHENGHUO

黄　莹　著

出版发行：	知识产权出版社有限责任公司	**网　　址**：	http：//www.ipph.cn
电　　话：	010－82004826		http：//www.laichushu.com
社　　址：	北京市海淀区气象路 50 号院	**邮　　编**：	100081
责编电话：	010－82000860 转 8171	**责编邮箱**：	laichushu@cnipr.com
发行电话：	010－82000860 转 8101	**发行传真**：	010－82000893
印　　刷：	北京中献拓方科技发展有限公司	**经　　销**：	各大网上书店、新华书店及相关专业书店
开　　本：	787mm×1092mm　1/16	**印　　张**：	14
版　　次：	2022 年 12 月第 1 版	**印　　次**：	2022 年 12 月第 1 次印刷
字　　数：	240 千字	**定　　价**：	88.00 元

ISBN 978-7-5130-8486-4

前 言

随着人工智能等技术的发展，机器人的使用从工业情境向家庭情境日益发展，出现了家居化使用的倾向。同时，数字自动传播技术的发展已对传播环境产生深远影响，以社会机器人为代表的新兴科技将具有更高的智能和自主性，从而成为类人的传播者；机器人的社会角色也发生了改变，人机传播呈现出新格局。社会机器人进入日常生活的进程迫切需要多方研究。为加深对这一新传播技术本质的认知，非常有必要考察在中国社会情境下日常生活中实际用户对社会机器人的使用，以及作为未来潜在用户的公众对机器人进入日常生活的接受意愿。

本书将社会机器人这一议题带入传播学领域进行研究，探讨人工智能将如何改变日常生活。本书首先基于技术的社会建构和技术的驯化理论视角，将对社会机器人这一新媒介技术的考察回归日常生活情境。通过对27名作为早期采纳者的用户进行深度访谈和参与式观察，考察用户在日常生活中对新媒介技术的驯化，思考用户是如何诠释社会机器人并建构这一使用的意义的。其次，在整合机器人接受度现有文献的基础上，开展了以网民为样本（$N=769$）的社会机器人接受意愿问卷调查。再次，通过分析实际生活情境中社会机器人的使用考察人机传播效果，分析人机社交的现实图景。最后，基于以上质化与量化的研究结果，对社会机器人进入日常生活带来的社会隐喻进行讨论与展望。

主要研究结论如下：

第一，用户是技术稳定化使用过程中的重要驯化力量。笔者将社会机器人的使用稳定化分为工具性使用、享乐性使用、情感性使用、代理性使用四种类型，总结出社会机器人在家庭情境中的三种角色定位，即作为中介、作为陪伴者、作为使用者身份标签，并分析了社会机器人的使用给家庭带来的影响，即随着普适计算和物联网的发展，未来日常生活的流程将变得更具动态性和适应性。

第二，社会机器人早期使用者群体有热情的年轻父母、作为人工智能“原住民”的儿童、享受科技红利的老年人、注重生活品质的单身青年。本书对早期使用者的特征进行了总结。

第三，在中国社会情境下，得出网民对社会机器人的四类角色的接受意愿，即网民对社会机器人作为工具代理者、专业技能者、家庭看护者、家庭成员的接受意愿。笔者通过对早期使用者的深度访谈研究提炼出影响网民对社会机器人接受意愿的三个新变量，即家庭构成类型、隐私顾虑、机器人影视文化消费。研究发现，在中国社会情境下：①机器人功能特性中的感知易用性对接受意愿影响最为显著；②社群影响、感知流行等社会系统因素正向影响中国网民对社会机器人的接受意愿；③人口统计学因素中家庭构成类型、年龄、受教育程度和婚姻状况等显著影响网民对机器人的接受意愿。年龄为30～44岁、已婚已育的群体对机器人进入日常生活各方面的接受意愿较高。此外，人际传播渠道、个人对机器人影视文化的消费、隐私悖论也影响着人们对机器人的接受与使用。这些影响因素与笔者在深度访谈中的研究发现基本一致。

第四，本书中的研究将创新接受意愿与采纳后的使用行为两部分相结合，这一基于中国社会情境的研究与西方情境下的研究相比有一些新发现，包括中国公众对机器人易用性的重视、社群压力及年轻父母作为早期使用者对创新扩散的带动作用。

第五，考察实际生活情境中的人机传播效果，发现不同年龄段的用户在人机传播中运用的方法有所不同。

社会机器人已逐渐渗透到现代日常生活中，并会对现有的传播秩序、社会规范、道德伦理、认知常识等带来冲击。因此，本书基于中国情境的考察不仅能给相关研究增添中国经验，对社会机器人这一新传播技术的本质认知和相关前沿理论的探索也具有重要现实意义。

本书是笔者在博士论文的基础上补充修改而成的。在此首先感谢笔者的导师——北京大学新媒体研究院杨伯溆教授，他在学术研究道路上领笔者入门，带领着笔者持续关注社会机器人这一前瞻性的话题，并鼓励笔者将其作为博士论文选题。他每周都会与笔者交流近期笔者所阅读的相关文献，并与笔者讨论对于论文选题的构想。同时还要感谢笔者在北京大学求学期间教导过笔者的每一位老师，他们渊博的学识、严谨的治学态度及深厚的专业素养鼓舞着笔者在学术道路上不断进步。

本书能够完成，得益于很多人的支持。感谢国家留学基金管理委员会、北京大学给予笔者公派出国留学的机会，让笔者有幸获得2017—2018年公派留学的资格，成为北京大学－加拿大西门菲莎大学联合培养博士生。正是在加拿大求学期间，笔者有幸在加拿大多所大学的人机交互、人机传播实验室学习，获得了社会机器人研究的一手资料。笔者的外方合作导师——加拿大西门菲莎大学的理查德·史密斯（Richard Smith）教授一直鼓励笔者就社会机器人这个选题开展田野考察，并帮助笔者寻找到在加拿大使用社会机器人的用户，让笔者得以走进居民的家中，展开参与式观察和深度访谈；马尼托巴大学人机交互实验室的詹姆斯·杨（James Young）教授、卡尔加里大学传播学院的玛丽亚·巴克德捷瓦（Maria Bakardjieva）教授等在研究上给予笔者很多启发，在此对他们表示衷心的感谢。此外，还要感谢笔者在攻读博士学位期间的同班同学和师兄师姐、师弟师妹们，感谢皓云、巧敏、莉明、珞琳等在研究过程中给予笔者的建议；感谢在笔者研究过程中所有接受笔者的访谈的朋友们，我们素不相识，谢谢你们的信任和向笔者敞开心扉。

春晖寸草，山高海深，感恩笔者的父母的养育之恩，感谢笔者的爱人给予笔者的爱与陪伴，感谢笔者的姑姑帮助照顾笔者的女儿。感谢笔者的家人，谢谢他们一直以来在笔者求学、工作的道路上和在生活中给予笔者的无尽支持。他们是笔者温暖的港湾，让笔者能够幸福成长、安心学习、放心工作。因为他们，笔者才有力量继续前行。

本书由北京印刷学院基础研究重点项目“人工智能与出版业深度融合的机理与路径研究”（编号 Ed202211）资助出版，在此对学院给予的经费支持表示感谢。

本书是笔者学术研究之旅的起点，仍然有不少遗憾之处，笔者将在探究其中的问题的过程中继续开展相关研究。

目 录

第1章 绪 论

1.1 社会机器人与日常生活

随着社会现代化进程中的人口结构变化和分工细化，以及机器人技术的不断成熟和载体的多样化，社会机器人正逐渐从工业生产领域进入社会再生产（social reproduction）领域，即进入健康、居家工作、教育、照顾老人和孩子、照顾残障人士、休闲娱乐等日常生活中，呈现在家居领域（domestic sphere）使用的转向[1,2]。

多滕哈恩（Kerstin Dautenhahn）、福尔图纳蒂（Leopoldina Fortunati）、泰佩勒（Sakari Taipale）等学者指出，家用机器人的出现更新和修正了人们对于机器人的理解和认知，机器人将不仅仅是执行危险、繁重的机械工作的工具，更是具有社会意义的机器人，并朝着人格化的类人传播者方向发展[1,3-5]。如今，社会再生产领域逐渐成为以机器人为中介和辅助的环境，机器人的社会角色也发生了深刻改变[1]。例如，在家庭情境中，机器人除了满足与家务劳动工作相关的需求外，还扮演着人的陪伴者的角色，甚至成为人的社会交往乃至共同生活的对象。

相对于其他技术而言，社会机器人是一种正在不断发展和完善的技术。一方面，机器人突破了工具属性，被赋予更多的人性和社会智能。在计算机是行动者（computer as social actor，CASA）的范式下，人机交互领域的学者一直将具身化（embodied）、类人化（humanoid）作为机器人设计研发的准则[6,7]，并认为社会机器人是网络中的社会行动者（social actor）。另一方面，福尔图纳蒂等学者提出社会机器人成为下一代“新媒体”[2]。随着数据科学、人工智能的迅猛发展，自动传播技术改变了既有的数字传播生态。

对传播学领域而言，其研究范畴也从人与人的沟通和交互延伸到人与物、物与物的交互及人与类人物的交互。机器人在传播过程中的角色一直在改变，变成了新的传播者和被传播者。人与机器人的交互（human-robot interaction，HRI）将不同于人与计算机的交互（human-computer interaction，HCI）。相比于以计算机为中介的传播（computer mediated communication，CMC），人与社会机器人之间的传播更像人类间的互动[5]。技术的变革也促使社会科学及传播学等领域的学者开始探究有关机器传播的问题[8,9]。

社会机器人因其自身的拟人性、自主性及作为类人的传播者等特性使得这一技术创新不同于以往的信息传播技术，具有相对特殊的性质，从而成为一种新的技术类型（new technological genre）[10]。一方面，机器人在日常生活中的快速渗透和公众对机器人的接受与使用意愿并不是同步线性增长的。另一方面，许多学者指出，针对公众对社会机器人的接受和使用这一议题，有必要考察是否存在尚未被探究的影响因素[11]。

一项创新技术被接受、使用的研究不能忽略其所处的社会背景。罗杰斯提出，“没有社会结构知识就去研究扩散是不可想象的，就像没有静脉、动脉的知识就去研究血液循环一样”[12]。杨伯溆教授提出，以乡里乡亲为特征的社区的解体和以跨地域为标志的社会人际关系网络的形成是当代电子媒介（如固定电话、收音机、电视、电话、因特网等）扩散和应用的社会基础[13,14]。而在社交网络革命、互联网革命和移动通信革命这三重革命的共同作用下，人们的社会生活已经从原先紧密的家庭、邻里和社群关系转向更加广泛的、松散的、多元化的个人网络，网络化个人主义成为新的社会操作系统；家庭规模、结构和角色分工不断变化，家庭也变得网络化[15]。新兴媒介技术的出现与普及使得这一社会变迁加剧，并给予了人们和他人协作、解决问题和满足社会需要的新方式，这是社会机器人得以扩散和应用的社会基础。同时，过往有关机器人接受意愿和用户使用的研究多基于西方情境，在创新扩散的背景下，在对中国社会情境的考察和中西方差异的比较中，研究者应注意理论、经验和情境的调试和结合。

从社会机器人在日常生活中的逐渐渗透和扩散来看，近年来，越来越多的社会机器人被大众所接受、采纳与使用，这一应用上的变化主要发生在家庭、健康医疗、娱乐及其他服务等场景中。总体来说，目前全球市场规模化商用的社会机器人都是以语音交互为基础的对话型机器人。尽管这些机器人在移动性上有桌面式和可移动式的区别，在外形上有拟物和人形化的区别，但其共同特点是可以开展对话和交流，因此都被认为是具有社会性的机器人。例如，由亚马逊研发的、已经拥有超过10 000项技能的对话型机器人Alexa[16]，2015年由日本软银公司推出的面向家庭和公共服务领域的类人化社会机器人Pepper[17]，2017年由麻省理工学院人机交互实验室布瑞泽尔（Breazeal）团队研发的家庭陪伴型社会机器人Jibo[18]、可自主移动的家庭陪伴型机器人Kuri，以及国内市场上由百度公司推出的小度同学、小度在家，上海喜马拉雅科技有限公司推出的小雅，小米科技有限责任公司推出的小爱同学、若琪，深圳市优必选科技股份有限公司推出的家庭陪伴型机器人，科大讯飞股份有限公司推出的儿童陪伴型机器人阿尔法蛋等，都被认为是具有社会属性的机器人。

与此同时，近年来机器人研发设计领域一直聚焦于模仿人类的外形及人类的社会属性，并将这些特性融入芯片的开发中，如2017年年底在韩国冬季奥运会上独立自主地进行火炬传递的机器人DRC-HUBO[19]、可以进行画像艺术创作的机器人Patrick Tresset[20]。2017年10月，沙特阿拉伯为具有女性性别特征的人形社会机器人Sophia（索菲亚）颁发公民身份证，有着女性外表的索菲亚成为第一个被授予公民身份的机器人。该新闻事件经由大众媒体传播和社会化媒体的讨论引起了全球关注[21]。

综上，在网络化个人主义的时代背景下，机器人的家居化使用转向、这一新传播技术的相对特殊性及过往有关中国社会情境下相关研究的缺失使得社会机器人进入日常生活的进程迫切需要进行多方探讨。为加深对这一新传播技术本质的认知，考察日常生活情境中的用户对社会机器人的具体使用行为及作为未来潜在用户的公众对机器人进入日常生活并承担社会角色的接受意愿就变得十分重要[22,23]。

1.2　社会机器人——类人的“传播者”

1.2.1　社会机器人的发展

机器人概念的源起可以追溯至科幻文学作品里塑造的虚拟文学形象，如1886年法国作家利尔亚当在小说中最早使用“机器人”一词来形容一个具有生命有机体特征、人造肌肉和皮肤的似人生物。在随后层出不穷的文学和科幻电影作品中出现了形形色色的机器人形象，它们被塑造为人类的敌人或同伴等不同角色。从时间脉络来看，随着1954年第一台数字操作和可编程机器人面市及之后在生产中应用，机器人在大众认知中逐渐成为一种可以自动工作的工业机械工具。因此，20世纪60年代开发的机器人被认为是机器人发展的初级产品[24]。

到了20世纪80年代，一方面，随着控制论、系统论的发展，以及机械力学、工程学、材料学等学科研究的不断突破和专家系统的研发，机器人具有了更加敏锐的环境感知能力和有限的学习能力[25]；另一方面，在资本主义不断追求生产效率和利润的本质要求下，机器人的研发和制造逐步改变了过去浅显地对人类外表进行简单模仿的路径，转向以追求工作效率的提高和生产力不断进步为主的考量规则[26]。经过数十年的发展，工业机器人逐步大规模地应用于制造业、农业、林业、渔业、建筑业等不同领域。研发思路的改变体现了人们将机器人视为工具的理性化姿态，机器人成为“去魅”后的客观对象，成为一种工具，代替人类进行一些简单、繁重的体力劳动，具有越来越显著的工具属性。

20世纪90年代以来，随着机器学习、情感计算、人工智能、语音识别仿生材料学和机械动力学等领域的发展，生活在“云端”的机器人的“大脑”在强大的算法和感知能力的支撑下，拥有越来越全面的逻辑思考能力，快速的信息处理、优化和决策能力，更好地识别、理解情感的能力。在不断地研发和迭代中，越来越多的社会机器人产品问世并进入商用市场，甚至“穿”上了类人的外衣，开始进入家居、健康、教育、娱乐等社会非物质生产领域。

与传统的用来拓展人的某种技能的机器人不同的是，社会机器人是从机器人发展而来的，是具有社会属性的机器人。具有人格化特征的社会机器人能够和人进行对话交流，进而成为人类的帮手、助理和朋友等。科幻电影中曾多次出现这样的机器人形象，它们可以满足人的情感、社交、陪伴等方面的需求，学习用户的习惯、偏好和需求，并根据已知信息进行预判，在获得新信息后再结合已知信息进一步自主学习。

近年来，具有情感交流功能的社会机器人已经在旅店、购物中心和医院被采用，在线聊天机器人被广泛运用。例如，1964年到1966年由麻省理工学院人工智能实验室的魏岑鲍姆（Joseph Weizenbaum）研发的Eliza证明人可以和机器交流；索尼公司的宠物外形机器人AIBO、日本国立高级科技研究院的Paro可以作为老年人的陪伴者；远程临场机器人（tele-presence robot）SAM及新款老年医疗服务机器人是老年人远程防摔倒监护的好帮手，是护士的得力助手[27]；来自日本的迷你机器人 Kirobi 可以探测用户的情绪反应；阿根廷推特聊天机器人被认为具有“人”的身份[28]。

因此，虽然具有高度智能和“主体性”的机器人仍然距离我们还很遥远，但可以肯定的是，社会机器人将朝着工具理性和交往理性兼具的方向发展，逐渐具有显著的人格化的特征。人工智能和传感器信息科技的发展将使得机器人进入新时代，我们将会和机器人相互依存和陪伴。

1.2.2 社会机器人的定义和特性

由以上发展脉络可以了解到，社会机器人学（social robotics）是近年来迅速发展的、不同学科间交叉渗透和协作的新兴研究课题，其中涵盖了社会学习、情感学习和认知、自然语言、机械力学、材料科学等不同领域的研究成果。社会机器人是对人类的全方面模仿和超越，是具有社会意义的机器人，它所带来的影响将深入社会的方方面面。国外人机交互领域的学者对社会机器人的具体定义和称谓不尽相同，如 social robot[5,29]、socially interactive robots[30]、sociable robot[31]等。文森特（Vincent）[32]、达非（Duffy）[29]、布瑞泽尔[31]等学者分别对社会机器人进行了定义，但至今还缺少一个普遍被认可的定义。同时，社会机器人带来了一个新的学科领域的发展，即人机交互（human robot interaction，HRI）。

笔者通过对 sciencedirect、sagepub 等数据库以关键词 social robots、social robotics、human robot interaction、human robot communication、human machine communication、robots + communication、humanoid robots + interaction 等进行搜索，归纳整理了既往研究中有关社会机器人的定义。总体来说，社会机器人被认为有着具身化的载体与行动，并被赋予情感化和人性化特征，在人类环境中，以类人的方式与人进行自然有效的人机交互，给人以相应的情感体验，因此是一个人造的、自动化的社会实体[4-6,33]。社会机器人具有导向功能，往往依据具体情境来定义。多滕哈恩等学者指出，社会机器人研发的关键要素是具有社会学习能力、可模仿人类的姿态和语言、具有情感学习和认知能力及可以和同伴进行交流[3]。

具体来说，不同的学者从机器人的社交性、对话性、情境感知和理解能力、在传播中所处的角色、能动性（agency）等不同的视角来定义社会机器人。

布瑞泽尔从机器人社交性（sociability）的视角来定义社会机器人[34]。她认为，社会机器人应该在个人层面能交互，在社会层面能相互理解，不断自主学习和自适应，将经验和经历整合进对关系的理解中。她将社会机器人按照社交性从低到高分为四个类别：依赖于人唤起的社会唤醒型（socially evocative）机器人；通过将类人的社会线索和传播模式内置在设计中，来提供自然的交互界面的交互界面型（social interface）机器人；可以从交互中学习技能的社会接纳型（socially receptive）机器人；可以主动与人类交互，并满足人们的内在社会需求的社交型（sociable）机器人。

语音交互被视为下一代的交互方式，是机器人进入消费市场、获得长远发展的基础。近年来，针对家庭场景的语音交互型机器人越来越成熟和普遍。基于这一共识，人机交互、机器人设计领域的学者对社会机器人的研究都是从对话性入手，表现在商用市场上则是以语音交互为基础的社会机器人的面市与大规模使用。例如，亚马逊旗下的语音交互型对话机器人 Alexa Echo 在 2018 年第三季度全球出货量为 630 万台[35]。因此，普林顿（Purington）等提出，目前的技术发展阶段，社会机器人的社交性应该具体化为机器人的语音识别和智能回应的能力、正确率和反应速度及系统的社会智能，即可以执行的任务和对职能的理解力、自主性等[36]。卢卡斯（Lucas）、博贝尔（Boberg）、特朗姆（Traum）等也提出，应该从对话功能的视角具体定义社会机器人，社会机器人的基本特征之一是社会对话（social dialogue）功能，社会对话可以带来说服的传播效果，从而建立默契（rapport）[37]。

对话是传播的过程，涉及信息、文本、符号和情境的共享。人类传播者通过多种形式的社会线索规则化对话流。对话领域的相关研究将功能型和任务指向型的对话与社会型对话或者关系型对话进行区分。虽然功能型对话与信息查找和任务相关，但是其他的社会型对话却在创造和维持人与机器人的关系中起到重要作用，如建立信任和默契[38]。以往的研究中相关学者将社会机器人的对话分为三个主要类型，即低层次对话、非语言符号对话和高层次的社会对话。社会机器人对话的层次分为三个维度，分别是基于指令功能式的对话、基于非语言符号的对话和基于社会情境表达和感知情绪、学习或识别其他行动者的模式并建立和维持社会关系的对话[30,39]。

在使用情境上，机器人则进入家庭、医疗健康、娱乐、教育、休闲旅游等社会非物质再生产领域，这是机器人的发展转向社会属性的重要标志。因此，多滕哈恩、欧哥登（Ogden）、奎克（Quick）等从对情境的感知和理解能力视角来定义社会机器人，并按照对情境的感知和回应能力从低到高的层级将社会机器人分为社会情境型（socially situated）、社会嵌入型（socially embedded）、社会智能型（socially intelligent）[3]。

社会情境型机器人是指存在于社会环境中，可以自主感知和反应，可以分辨不同的社会行动者和客体对象的机器人。社会嵌入型机器人是指可以在社会环境中与其他智能体和人类行动者交互，可以结构性地与环境协调，可以感知人类的交互结构如对话转换的机器人。社会智能型机器人是指具有情境感知和回应能力的社会机器人，这类机器人可以展现类似于人类的社会智能。

有的学者则从在传播过程中扮演的角色这一视角理解社会机器人，认为社会机器人将不仅仅是传播媒介，更是人与人的中介、人与环境的中介，如为独居老人和远程治疗医生提供中介化交往的远程交互机器人；而且社会机器人作为独立的对象——交流中的第三者（the third thing），是一种能与人互动的对象，通过类似于人类的互动方式介入社会生活，成为人类传播交流中一个不可或缺的重要角色[33]。因此，机器人不仅仅是一种渠道或者中介（medium），更是传播者（communicator）和交往者[4]。未来，在人和机器人的交互中，谈话的一方将由类人机器人替代，创造一种虚拟化身的共存（virtual co-presence）。

此外，还有学者从能动性的角度理解社会机器人，认为社会机器人是具有一定主体特征或主体行为的社会行动者。一直以来，学者们依托CASA范式理解用户体验和技术的社会建构[40,41]，认为社会机器人可以能动地回应人的情感，是嵌入现实的物理生活环境中的社会行动者[31,42]。

相关学者对社会机器人提出了不同的具体定义。例如，多滕哈恩等提出在家庭和公共情境的传播中，社会机器人不仅能够被人类视为交流对象，而且能作为参与者融入特定传播社群中。其将社会机器人的社会性分成三个层次：第一个层次是置身于社会环境中与其他的智能体和人类互动；第二个层次是在结构上与其他社会环境相结合；第三个层次是至少在一定程度上能够参与并影响人类的互动结构。社会机器人作为传播主体能够对整个社会结构产生影响[39]。

卡彼彼汉（Cabibihan）、威廉姆斯（Williams）、西蒙斯（Simmons）提出能够与人进行社会、情感交互的机器人应该具有如下属性：能够识别人的行动并根据目标和期待进行物理上的行动；能够理解人的情感状态并给予相应的回应；对于不道德、不适宜的行动能够对作为交互对象的人表示抗议和压力；能够展现类人的面部表情；能够识别并模仿人的身体姿势；能够对非语言交流作出反馈；通过正在完成的工作影响人类互动者的感知；在彼此感兴趣的领域进行交互；能够保持并尊重社交距离[43]。

肖－葛洛克（Shaw-Garlock）认为，社会机器人不仅能够智慧地思考，也能够智慧地行动。他还认为，与实用型社会机器人不同的是，随着人工智能等技术的进步，社会机器人可以在情感层面和人交流，但它需要遵守人机交互的社会规范，遵照社会交往规范与人交互，因此社会机器人的定位会逐渐倾向于实用和情感兼具的混合类别[44]。

以上学者对社会机器人的定义中共同强调的是，社会机器人能够在与人的互动中建立起类人的交互。社会机器人具有在与真实人类共建的传播网络中传播信息的能力，在人类社交网络中具有一定的社会地位，能够分辨出在传播网络环境中的其他智能体及传播对象。社会机器人的发展促使我们必须将人类和机器重新概念化，将机器人看作在人类这一连续存在体身边存在的一个非敌对物。社会机器人的基本特征为语音的交互与对话、对环境进行自主回应。在综合以往学者对社会机器人定义的共同点的基础上，笔者认为，以语音交互为基础，模仿人类语言，能够置身于社会环境中与其他的智能体和人类进行类人的交互，在社会环境中可以感知和进行语音回应的机器人都可以被认定为社会机器人，目前进入商用大众市场的对话型机器人（conversational robot）如 Amazon Alexa[16]、小度同学、小爱同学、天猫精灵①及人形化对话型机器人（humanoid robot）如 Pepper 和 NAO[17]、优必选人形机器人都是社会机器人。随着计算机语言学如自然语言处理、对话系统及机器人机械力学的发展，未来会有越来越多形式的社会机器人进入大众视野。

笔者将以往学者从不同视角提出的社会机器人的定义与特性总结如下，见表 1.1。

① 以语音交互为基础的智能体有许多不同的称谓，如对话型智能体（conversational agent，CA）、语音交互机器人（voice-activated robot）、对话型机器人（conversational robot）、智能个人助理（intelligent personal assistant，IPA）、智能虚拟助理（intelligent virtual assistant，IVA）、语音交互助理（voice-activated assistants，VAA）、会话式用户界面（conversational user interface，CUI）、个人助理（personal assistant，PA）、数字个人助理（digital personal assistant，DPA）等。本书采用对话型机器人这一较多学者认同的称谓指称 Alexa Echo、小爱同学、小度同学等语音交互智能体。

表1.1　不同视角的社会机器人定义与特性

定义的视角	不同视角的社会机器人定义与特性	定义的学者及参考文献
社交性	依赖于人唤起的社会唤醒型机器人；通过将类人的社会线索和传播模式内置在设计中来提供自然交互界面的交互界面型机器人；可以从交互中学习技能的社会接纳型机器人；主动与人类交互并满足人们的内在社会需求的社交型机器人	Breazeal[31,34]
对话层次	基于指令功能式的低层次对话；基于非语言符号的对话；基于社会情境表达和感知情绪、学习或识别其他行动者的模式，且建立和维持社会关系的高层次对话	Fong，Nourbakhsh，Dautenhahn[30]；Dautenhahn[39]
对情境的感知和理解能力	社会情境型机器人是指存在于社会环境中，可以自主感知和反应，可以分辨不同的社会行动者和客体对象的机器人；社会嵌入型机器人是指可以在社会环境中与其他智能体和人类行动者交互，可以结构性地与环境协调，可以感知人类的交互结构如对话转换等的机器人；对情境感知和回应能力最强的社会机器人则是社会智能型机器人，它可以展现类似于人类的社会智能	Dautenhahn，Ogden，Quick[3]
能动性	具有一定主体特征或主体行为，可以能动地回应人的情感，嵌入现实的物理生活环境中的社会行动者	Breazeal[31,34]；Young[11]；Sung，Voida[42]
在传播中的角色	社会机器人不仅是传播媒介和中介者，更作为独立对象进入传播者和交往者的角色	Zhao[4]
本书综合以往文献共识提出的定义	社会机器人是以语音交互为基础，模仿人类语言，能够置身于社会环境中与其他的智能体和人类进行对话，可以感知和回应物理环境和社会环境的机器人	Dautenhahn et al[3]；Zhao[4]；Dautenhahn[30]；Breazeal[31,34]；Fortunati[33]；Simmons[43]；Shaw-Garlock[44]

另外，需要注意的是，虚拟载体的机器人程序或软件机器人（software robots），如虚拟性的、无实体的社交机器人账号 twitterbot、聊天机器人（chatbots）微软小冰等作为一种算法智能体，也在一刻不停地运行于社交媒体中，自动生成内容并且参与人类的社交互动活动，深入应用于社交网络中，这些机器人程序则被统称为人机社交传播智能体或社交机器人（socialbots）[45,46]。

1.3 研究问题与研究思路

本书主要研究的问题如下：

1）社会机器人在日常生活中的使用实践是怎样的？社会机器人如何被整合到现有的、组成日常生活的家庭活动和关系中？

2）公众对社会机器人的接受意愿是怎样的？其影响因素是否与以往的信息传播技术（information communication technology，ICT）被接受与采纳的影响因素有不同之处？

3）相比于以往基于西方文化情境的机器人使用与接受的研究，中国文化情境下的研究结论有何不同之处？

基于此，笔者在第 2 章文献综述后提出具体的、细化的研究问题。

每一种技术创新的设备不仅是复杂的发明与创造，更是在使用与扩散的过程中生长和酝酿的[3]。因此，创新是一个社会建设的过程，创新的实体不是一成不变的。人们在学习运用新观点的过程中赋予创新新的诠释，塑造了创新本身。

本书中的研究是关于技术进入日常生活领域的研究。信息传播技术的变迁向传统的大众传播研究提出了挑战，对新传播技术的考察被拉回日常生活场景中。

因此，笔者将研究内容分为以下两部分展开。

第一部分，以人们如何运用中介的手段和机制开展生活为研究思路[4]，从日常生活中的使用者研究入手，聚焦于用户、使用情境与技术之间的互动及它们与更大的社会环境的互动，展示丰富的阐释潜力。

这一部分研究的是对已经融入日常生活如进入家居领域的社会机器人的诠释和理解，考察技术与人在互相建构过程中的动态变化。具体来说，采取质性研究方法，以进入“田野”的方式，基于技术的社会建构理论及英国文化研究学派罗杰·西尔弗斯通（Roger Silverstone）和莱斯利·哈登（Leslie Haddon）等学者提出的技术驯化的视角[47-49]，通过对 27 个使用者的深度访谈和参与式观察解释人们对社会机器人的家居化使用及早期采纳者的人群特征，分析在用户能动的驯化下社会机器人这一创新成果相对于使用者的属性，思考使用行为和态度背后的意义。

基于以上研究，笔者在第一部分将考察技术与日常生活的关系，即研究用户是如何能动地驯化机器人的，机器人如何融入日常生活和被整合、被使用甚至被限制，以及人机传播的实践与行为规则等问题。

随着技术的不断进步，机器人将深入渗透到日常生活中，从而全方位地进入社会再生产领域，并承担多种社会职责和角色，如陪伴者、家庭看护者、管家、教师甚至人的亲密朋友，同时，技术的形态和载体也会更加多元和先进。作为潜在用户，公众是否接受机器人更深入地融入日常生活，并承担不同的社会角色？公众对机器人的接受意愿和态度、展望和顾虑是什么？影响公众对社会机器人承担不同社会角色的接受意愿的因素是什么？

因此在第二部分，针对以上问题，笔者将采用问卷调查的研究方法，以网民为研究对象，按照2018年8月中国互联网络信息中心公布的网民结构进行配额抽样[50]，基于769份有效样本，调查网民对社会机器人在日常生活中承担不同社会角色的接受意愿，探究社会机器人在大众生活中扮演何种社会角色是可能被接受的，以及影响接受意愿的因素。

通过以上两部分研究的设计与开展，考察真实的用户对社会机器人这一新传播技术的认知和定位，探讨社会机器人这一创新扩散的进程和可能的路径。

杨伯溆教授在电子媒介的扩散与应用的研究中提出，研究者不应该忽略创新成果的特性和创新成果被采用后的情况，不是所有的创新成果或者发明都是等同的单元[13]。他认为，除非人们同时对创新成果的特性和采纳，以及创新成果被采纳后的使用加以仔细研究，否则很难完全展示出一项创新成果的真正特征。社会机器人自身相对复杂的特性使得我们不能将其与其他的创新成果当成一样的分析单元，其扩散的过程是否和以往信息传播技术的采用完全相同值得商榷。因此，本书研究的目标是，通过分析社会机器人在日常家庭生活中的使用和意义建构，以及社会机器人承担社会角色这一观念被接受的意愿，探究在中国社会情境下社会机器人逐渐渗透到社会再生产领域如日常生活中的意义和产生的影响。

本书有以下创新点：

第一，随着人工智能的发展，新兴科技将具有更高的智能化程度和自主性，以社会机器人为典型代表的新兴科技将逐渐成为独立的对象，介入人们的日常生活。本书将社会机器人这一议题带入传播学领域，基于真实的使用者和公众对社会机器人的角色认知与技术特性感知进行研究，是对新传播技术的本质认知的研究。此外，本书对相关前沿理论如人机传播的实践进行了探索。

第二，在新的时代背景和社会语境下，对社会机器人这一新媒介技术的公众接受度和使用问题进行了审视。过往的研究多在实验室的环境下进行，数据收集是瞬时的，且脱离日常生活。本书基于日常生活中的使用和网民接受度进行研究，基于对用户的深度访谈和参与式观察考察技术与人在互相建构过程中的动态变化，是对过去有关信息传播媒介消费的民族志研究的补充和拓展。

第三，本书中的研究为人机交互领域社会机器人被接受和使用的相关研究增添了基于中国文化情境的研究内容，是对过往基于西方语境的相关研究结论的拓展与补充。基于中国社会的时代背景，笔者将家庭构成类型、机器人影视消费、隐私等变量纳入研究范围。

第四，基于对社会机器人这一技术在家庭中使用稳定化的形式与过程的诠释，提出人机传播用户评价、人机传播说服效果、人机传播规则适用性等问题，对未来人机交互的传播效果改进具有一定的实践参照意义。

第五，本书中的相关研究对机器人设计生产者将具有较大的启示作用。研究聚焦于不同用户类型，辨析社会机器人的早期采纳者的群体类别和社会机器人接受意愿较高的人群的人口统计学特征。同时，研究聚焦于具体的使用情境和应用场景，有利于未来机器人产品功能的开发。

第六，通过研究用户对社会机器人的认知及与社会机器人的交互，尝试探究人机传播在家庭情境下的使用这一新议题，探讨社会机器人等自动传播技术对现有传播秩序、传播模式、社会交往、社会规范、道德伦理与认知常识提出的挑战。

1.4 本书主要内容

本书主要对社会机器人这一新媒介技术进入日常生活进行研究。首先，对研究背景进行介绍，并对社会机器人这一概念的脉络进行梳理。然后，对社会机器人在不同情境中使用的相关研究、西方语境下公众对社会机器人的认知与态度的研究成果、人机传播的起源和概念化及本书采用的理论框架即技术的社会建构理论、技术的驯化理论等进行综述，并提出具体研究的问题。最后，为了回答拟研究的问题，进行研究设计，并按步骤展开研究。

本书的研究路线如图 1.1 所示。

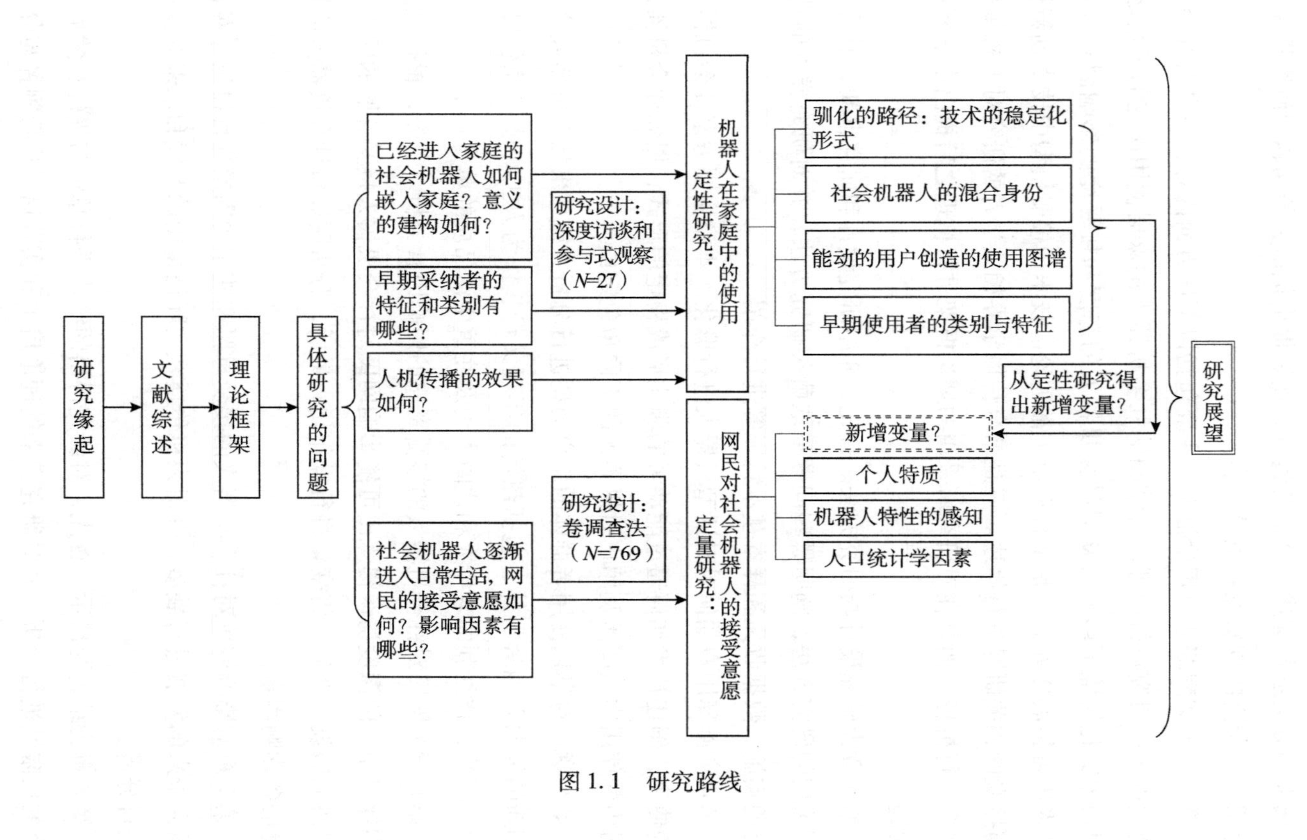
研究缘起
文献综述
理论框架
具体研究的问题
已经进入家庭的社会机器人如何嵌入家庭？意义的建构如何？
早期采纳者的特征和类别有哪些？
人机传播的效果如何？
社会机器人逐渐进入日常生活，网民的接受意愿如何？影响因素有哪些？
研究设计：深度访谈和参与式观察（N=27）
研究设计：卷调查法（N=769）
定性研究：机器人在家庭中的使用
定量研究：网民对社会机器人的接受意愿
驯化的路径：技术的稳定化形式
社会机器人的混合身份
能动的用户创造的使用图谱
早期使用者的类别与特征
从定性研究得出新增变量？
新增变量？
个人特质
机器人特性的感知
人口统计学因素
研究展望

图 1.1 研究路线

各章内容大致如下。

第 1 章为绪论。首先对研究缘起、机器人的发展历程及社会机器人的不同定义、属性和分类进行综述、分析与整合，然后提出拟研究的问题和研究思路，最后介绍本书研究的创新点和主要内容。

第 2 章为文献综述与理论框架。主要包括以下四方面内容：一是对社会机器人使用的既往研究进行梳理，总结归纳社会机器人的家居使用研究的不足之处，并对西方文化情境下影响公众对社会机器人的态度和接受度的影响因素进行归纳，提出可拓展之处。二是结合创新扩散理论、技术的接受模型中技术创新被采纳与接受的相关研究进行综述。三是结合传播学界相关学者的研究对人机传播这一概念进行梳理。四是在对研究所采用的理论框架进行梳理之后提出本书要研究的问题。

第 3 章为研究设计与研究方法。首先，介绍研究设计和研究框架；其次，介绍所采用的研究方法，阐明哪些问题采取哪类研究方法，并对研究样本的选取、研究的实施、数据收集和样本基本特征等进行介绍。

第 4 章阐释用户如何对对话型机器人进行驯化。本章主要考察社会机器人用户的使用，阐述技术如何通过能动者的驯化形成稳定的形式，提炼社会机器人在家居中的使用类型图谱及用户对机器人的不同角色定位。

第 5 章针对早期使用者群体的用户类型进行分析，梳理出社会机器人这一技术创新的早期采纳者群体，包括热情的年轻父母、作为人工智能“原住民”的儿童、享受科技红利的老年人和残障人士及注重生活品质的单身青年。

第 6 章为网民对社会机器人的接受意愿的影响因素分析。首先，根据文献综述和针对用户的深度访谈提炼出可能影响网民对社会机器人接受意愿的因素，并提出研究假设；然后，将变量进行操作化；最后，分析网民对社会机器人的接受意愿的各影响因素。

第 7 章对影响网民对社会机器人的接受意愿和使用的因素进行讨论，对社会机器人未来的发展进行展望，并对人机传播在实际情境中的实践和未来的发展方向进行分析。

第 8 章为结论与启示。首先，对研究得出的结论进行总结与提炼；然后，对研究的局限性进行分析，并对研究带来的理论启示和实践启示进行阐释与分析。

第2章　文献综述与理论框架

沟通是人类生活的核心，媒介演进反映并推进了社会变革。科技的进步使以往研究的主体发生了变化，传播学研究的范畴从人与人的沟通交互延伸到人与物的交互、物与物的交互、人与类人物的交互。社会机器人的出现不仅带来了新的研究议题，也使物联网时代背景下的信息传播和社会交往行为发生了革命性转变。

有学者提出，类人社会机器人逐渐成为一种交流的媒介（humanoid social robots as a medium of communication），自动化的、交互的、类人的实体正在实验室里大规模产生。人与类人物的交互（human-humanoid interaction）与人机交互是不同的，未来人与智能机器人的关系将出现大转变。

本章通过以下四方面提出本书要研究的问题：一是梳理有关机器人在家用环境下使用的研究成果，总结归纳社会机器人的家居使用研究所面临的问题；二是对用户对社会机器人的认知、态度与接受意愿的相关文献进行梳理，借鉴有关技术创新被采纳与接受的相关研究成果，总结有可能影响公众对社会机器人认知和态度的因素；三是针对社会机器人作为传播者和交流对象的属性，结合传播学界相关学者的研究，对人机传播这一概念进行梳理；四是对本书所采用的理论框架进行阐释。

2.1　用户对社会机器人的感知与使用

机器人不仅在工业生产领域广泛应用，也进入了生活领域。下一代社会机器人将渗透至健康管理、家庭看护、娱乐、教育等领域。以往有关机器人的研究多集中于工业情境中如何实现人机的安全协作和信任，对于进入日常生活的机器人的交互和使用的研究则更多地基于实验室环境进行。一些脱离实验室进入用户日常生活的研究也主要依赖于研究者招募受试者，请他们将有待改良的机器人带回家使用，并在一段时间后反馈使用体验[51,52]。这样的研究设计中的所谓用户并不是自发性购买和使用的用户，因此研究结果的适用性有待商榷。具体来说，既往的相关研究分为两部分。

2.1.1 用户对社会机器人的感知

以往学者对机器人的用户研究多基于机器人是社会行动者的范式展开。笔者将相关研究从以下两方面进行梳理：一是使用者对机器人的感知评价；二是机器人在日常生活情境中的使用。

一方面，针对使用者对机器人的功能特性感知，巴特内克（Bartneck）等[53]、奎珀斯（Cuijpers）等[54]、赫瑞克（Heerink）等[55]的研究指出，机器人的智能性、功能性和愉悦性感知正向影响用户对机器人的使用评价。

另一方面，在用户对机器人的社会性感知方面，以往的学者通过对人形机器人 Robovie 的使用与陪伴、陪伴型海豹机器人 Paro 的使用、对话型机器人 Alexa 的使用研究机器人如何支持社会性交互[56-58]。研究显示，人们对机器人的社会性感知会被其类人的个性特征所影响，如声音越像人声，参与者的社会临场感越强烈。外向化的个性与内向化的个性相比能引发更多的社会临场感[59]。

一项针对亚马逊对话型机器人 Alexa Echo 的用户所发表的评论进行内容分析的研究曾试图回答以下问题：用户如何感知和回应对话型机器人；如何判断哪些用户更有可能将 Echo 拟人化、看作朋友；人们对 Echo 的评价如何受到设备拟人化或者交互的社会性影响，影响程度如何；人们对对话型机器人的评价如何受到技术性因素的影响[36]。该研究将对话型机器人按社交性程度分为五类并进行了编码：首先，机器人的最低限度的社交性体现在作为信息、新闻、天气预报等来源；其次是提供娱乐的功能，如音乐、有声书，或玩游戏、讲笑话；再次是作为助理协助用户管理时间和日程、购物；之后是提供陪伴功能，成为人们对话的伙伴或者倾听与交谈的社会实体；最高限度的社交性是成为用户的朋友，被当作家庭成员、室友甚至伴侣。研究结果显示，一半以上的使用者认为对话型机器人 Alexa Echo 展现出的社交性程度居中，选择提供娱乐服务的用户比例最高。用 Alexa 这样的称呼并且使用人称代词 she 或 he 来称呼 Alexa 的用户更有可能认为 Alexa 有社交性，认为 Alexa Echo 的拟人化程度更高。

在使用者与机器人的关系建立方面，总体来说，已有的研究认为人与机器人可以建立两种关系。一种观点认为人类爱且养育社会机器人并建立关系。例如，一项研究显示，70%～80%的使用者认为可以与机器人 AIBO 建立亲密的关系，将机器人视为过世伴侣的老年人会对机器人讲话[60]。另一项研究显示，有的老年人表示机器人 Paro 的到来让他们有了新的伙伴，不会感觉那么孤单[58]。另一种观点是将社会机器人看作人工的机器[61]，将人—机器—人的关系认定为工具性的关系。但是研究者均认为，相关研究结论应该在长期的使用基础上进行验证。

2.1.2　人机交互视角下社会机器人的使用

近年来，人机交互领域的学者提出家庭情境中机器人使用的研究课题，并提出机器人的家居化使用（domestic use of robot）概念[2,9,11]，即机器人在家庭情境中有多元化的应用。例如，机器人可以根据个人的偏好和特点处理若干家庭内外的日常性事务，并与在线数据库联网以回应用户的问题，或是基于其他用户的在线共享为用户提供社会支持[9]。

具体来说，人机交互和计算机的协同工作领域的相关学者基于会话分析、田野调查等研究方法来分析如何将机器人整合到日常的生活流程中[62]，如人和社会机器人如 NAO 如何进行话轮转换[63]，在协同合作的行动中如何使用语音界面，在咖啡厅如何使用对话型机器人和朋友们进行社交[64]，以及社会机器人在家庭中的使用等[65]。艾利克斯（Alex）、芙丽兹（Forlizzi）等通过收集 75 名 Alexa 使用者的登录历史和使用日志量化分析了 27 万个人机交互的指令，并通过对 7 个使用 Alexa 的家庭的访谈了解人们如何将智能语音技术整合到日常生活中[62]。该研究分析了 Alexa 和其他家庭设备的关系，如何将 Alexa 整合到日常生活的流程中，Alexa 可以支持的日常流程有哪些，如何适应 Alexa，如何扩大生态系统，人与系统交互的限制及儿童使用者等问题。研究发现，在适应新环境、设备的物理位置摆放、日常的使用模式及与孩子的互动等方面，Alexa 很有可能成为家庭的一部分。

波尔舍龙（Porcheron）、费希尔（Fischer）、里维斯（Reeves）和莎普尔斯（Sharples）则通过对一个月内 Alexa Echo 使用音频进行会话的数量分析来探讨 Alexa Echo 如何嵌入家庭的多任务活动中，如何开展并融入多元化活动场景[64]。该研究描述了家庭晚餐中一家人使用 Alexa Echo 共同完成游戏，夫妻双方如何在

Alexa Echo的协助下教养孩子，Alexa Echo如何在对话的序列式的组织中嵌入家庭日常生活。

普适计算（ubiquitous computing）的情境下，为了更好地理解生活场景的嵌入，人机交互路径下的研究常常采取基于家庭情境的视频分析、会话分析等研究方法。例如，托尔米（Tolmie）、克拉布特里（Crabtree）等进行的家庭成员一起看电影并使用科技产品的研究[66]，弗多斯（Ferdous）、维特勒（Vetere）等对家庭中餐桌上的科技的研究[67]，波尔舍龙、费希尔等对Amazon Echo家庭用户与Alexa Echo一个月的对话录音进行编码分析的研究[64]，都采用了会话分析和视频分析的方式分析技术的使用。

未来的研究可以更多地从进入家庭的对话型机器人方面入手，从数据中挖掘出用户重复的行为模式和用户使用的日常规律，如早上起床、做饭和睡觉等生活日程中机器人的协作与融入，家庭如何成为多种活动的场景，设备如何被雇佣和规制化地进入合作和分配式的活动中。未来还可以深入了解社会机器人所处的场景和物理空间的涵义，以及如何与更大范围的使用场景下的家居设备进行整合和联网使用。

总体来说，在中国文化情境下，基于真实的、日常生活情境的机器人使用者研究相对缺失。这一方面是因为过去的机器人技术产品不够成熟，没有真正进入商用的大众市场；另一方面是因为过去有关机器人技术的使用研究多集中于工业环境，在社会再生产等领域的使用一般都是在实验室环境下展开的，因此真实情境下的使用者群体稀缺。近年来，随着在全球范围内越来越多的对话型机器人进入家庭，国内公众对进入日常生活的机器人有了一定的认知，为未来的相关研究打下了用户基础。例如，亚马逊推出的对话型机器人Alexa仅仅在2018年第三季度全球出货量就突破500万台[16]。国内市场上，百度、阿里巴巴、小米等推出了对话型机器人小度同学、小度在家、天猫精灵、小爱同学、小微机器人等。具有人形化的机器人如优必选机器人等也受到了大众的广泛关注，并在春节联欢晚会登台亮相。

因此，笔者提出以下拟研究的问题：

1）对话型机器人进入家庭的过程是如何实现的？用户如何诠释、理解对话型机器人并建构这一使用的意义？

2）在技术的社会建构视角下，对话型机器人的使用类型如何被稳定下来？对话型机器人这一技术创新的特性是什么？

3）社会机器人的早期采纳者的特征有哪些？

2.2 公众对社会机器人的接受、采纳与扩散

当今科学、技术与社会领域，尤其是科技议题的设置、政策制定及科学知识生产的过程中，公众参与的重要性越来越凸显。在新技术的商业化过程中，公众的认知和接受程度也起到关键作用。

总体来说，第一，机器人技术相对复杂，直接采用传统的技术接受理论和研究结果解释新兴科技的应用存在很大的局限性，应该提出其他相关变量延伸探讨。

第二，在人类与机器人交互领域，虽然许多学者如赫瑞克等进行了接受度的研究，但是其主要针对老年人、儿童等特定群体，且以小规模样本的控制实验居多[55]。

第三，在不同的社会情境下人们对社会机器人的态度不同，因此不能忽略国别和社会文化等因素[23]。

因此，本书参照既有的研究成果，通过研究社会机器人的特点，结合创新扩散理论、技术接受模型探讨中国文化情境下公众对社会机器人的态度与接纳的问题。

2.2.1 信息传播技术的采纳与扩散

新技术得以顺利应用的必要基础之一是技术创新被大众接受与采纳。回顾以往有关信息技术被采纳的研究可以发现，技术创新的属性、用户层面的感知、社会影响因素、有关技术创新信息的传播渠道等会对个体使用新的信息技术产生影响，这些都被纳入技术创新接受与采纳的研究领域。因此，相关研究能够为社会机器人接受度的影响机制提供一个系统的研究框架。但我们需要认识到，正如金兼斌等学者所总结的，创新技术的采纳和使用的理论复杂多样，具体研究的开展需要注意理论、情境和概念的调适与结合[68]。因此，在我国技术变迁、经济发展和转型的时代背景下进行相关研究具有重要意义。

1. 创新扩散理论

创新扩散理论的提出源于 1943 年在美国艾奥瓦州农业社会学家瑞安（Ryan）和格罗斯（Gross）对杂交玉米推广过程的研究。此后，通过对水稻、番茄等农作物的技术推广和扩散过程的分析，美国农业传播学家罗杰斯（E. M. Rogers）总结

和完善了创新扩散理论，并提出，技术的创新与扩散是一种特殊类型的传播过程，扩散涉及新观念的采纳且会引发社会变迁[12,69]。

罗杰斯认为，创新指的是一种价值观念、方法、思想或技术产品，而扩散则是指创新经过一定的时间，经由各种传播途径和渠道，在社会成员中得以传播与扩散进而产生效果和影响。罗杰斯将影响创新的扩散效果的关键要素总结为创新技术的特性、传播的渠道、时间与社会系统。具体来说，创新技术的特性包括五个维度，即该创新的相对优势、兼容程度、复杂性、可观察性、试验性，大众传播与人际传播则是信息传播的两个主要渠道。罗杰斯根据实证研究，将接受并采纳创新技术的个体分为五类，即创新先驱、早期采纳者、早期大众、后期大众、落后者。社会系统因素则指的是系统的决策机制类型（随意决定、集体决定、权威决定、附随决定）及创新机构在扩散过程中所起的作用等[12]。

如何衡量创新技术的特性？第一，在创新扩散理论及后续的相关研究中，研究者们使用表征个体主观层面所感受到的创新特点的变量指代技术特性，包括功能性的感知、流行性的感知和需求的感知等变量。也就是说，该理论认为可以把影响创新事物是否能被大众接受并采纳的因素聚焦在用户的主观心理认知层面[70]。对技术功能特征的感知是指使用者主观认知的创新事物的特质，即该技术在个人主观心理认知上的相对优越性、兼容程度、复杂性、可试性和可观察性。而对技术创新的流行性的感知则可以用来衡量在创新扩散过程中社会压力和社会规范如何起到重要的影响作用。许多个体对创新事物的采纳和扩散受到其所处的社群环境中的同伴和“意见领袖”的影响。有学者基于中国社会情境提出了感知创新需求变量，其是指当且仅当人们发现生活中的某一重要需要无法被传统媒体满足，但可以借由对新媒体的采纳来满足时，个体才会开始接受且继续使用该新媒体。

第二，创新扩散理论的相关研究十分关注传播渠道所起的作用。尤其是随着移动互联网、社交媒体的迅猛发展，除了大众媒体和人际传播渠道，新媒体平台成为创新扩散的又一重要渠道。

第三，创新扩散理论的另一特点是聚焦于不同的使用群体，即个体本身所具有的创新和探索精神会在一定程度上使个体对技术创新的接受度存在差异，从而导致不同个体和群体存在区别。创新在扩散的初始阶段主要依靠积极的创新先驱传播，在这一过程中创新的扩散速度相对较慢。创新的扩散速度会随着创新在群体中逐步得到认知和采纳而加快。

第四，创新扩散理论注重社会因素的宏观规制力量，强调个体对创新接纳的同时会受到社会化因素的影响。尤其是在早期的采纳行为中，社会情境因素发挥了重要的作用。因此，从这一点来看，创新扩散理论具有比较宏大的视角，即认为用户对创新的认知、接受、采纳和扩散在一定程度上是社会建构的过程。已经接受和采纳创新的用户会影响他们的人际关系网络中的其他人，进而影响其他用户对创新的认识和接受，因此技术创新的接受和采纳是一个社会化的过程，它必然发生在某种社会情境中。因此，对创新扩散的研究背景即社会结构、社会规范等因素的考量是不可或缺的。

创新扩散理论主要应用于创新的采纳、决策过程的研究。以往许多学者基于创新扩散理论进行了中国情境下新技术采纳的研究，如用户选择互联网的研究、互联网在中国的创新扩散、大学生群体对微信的采纳和使用、互联网的推广、数据新闻的采纳、手机新闻客户端的采用等[71-74]。

本书中，笔者将考察社群压力、主观规范、传播渠道、创新特性等因素对于公众对社会机器人的接受度的影响。

2. 技术接受模型相关研究

诸多研究表明，以技术接受模型为代表的用户采纳理论适用性极为广泛，一直被运用于有关用户对新技术的接受和采纳意愿的影响因素的研究中。在此过程中，诸多理论模型得以建立并不断被验证，如阿耶兹（Ajzen）和菲什拜因（Fishbein）提出的理性行为模型、戴维斯（Davis）的技术接受模型（technology acceptance model，TAM）、文卡塔许（Venkatesh）和戴维斯的技术接受扩展模型（the extension of the technology acceptance model，TAM2）、文卡塔许等提出的技术接受和使用整合模型（UTAUT）、文卡塔许和巴拉（Bala）的技术接受模型（TAM3）[75,76]。

1989年，戴维斯等提出了技术接受模型理论（TAM），认为行为意向作用于用户的采纳行为，而行为意向受到用户对技术的感知有用性（perceived usefulness，PU）和感知易用性（perceived ease of use，PEOU）的显著影响。因此，他们采用这一组通用变量阐明影响用户接受信息技术的主要因素。感知有用性反映的是用户感知到的新技术对绩效的提高程度；感知易用性表示的是用户感受到的技术操作的易掌握性和便捷程度。此后，戴维斯和文卡塔许在总结前人实证研究成果的基础上又提出了扩展的技术接受模型[76,77]。

最初，TAM模型没有阐述感知有用性和感知易用性是如何形成的。探究有哪些前置因素会影响到用户对技术的感知有用性和感知易用性，能帮助我们更好地理解使用者对技术的接受[78]。基于此，技术接受扩展模型（TAM2）探究了除感知有用性、感知易用性之外的其他关键变量，以此来提高技术接受模型的普适性[75]。TAM2 模型采用社会影响过程（social influence processes）和认知工具性过程（cognitive instrumental processes）分析用户对技术的感知有用性和使用意愿。其中，社会影响过程包括社会规范、形象及两个干扰变量（自愿、使用经验）；认知工具性过程包括工作相关性（job relevance）、产出质量（output quality）、结果示范与感知易用性四个因素[79]。UTAUT 模型则将对用户接受和使用意向起决定性作用的影响因素归纳为四类，即绩效预期（performance expectancy）、努力预期（effort expectancy）、社群影响（social influence）和便利条件（facilitating conditions），并认为性别、年龄、经验和自愿使用（voluntariness of use）这四个调节变量对技术的采纳起间接作用。

总体来说，以往的研究指出，UTAUT 模型一方面将心理因素和社会因素纳入接受度模型，但另一方面只关注人们的预期使用和采纳，而缺乏对持续使用和增加使用的用户动机的研究，对社会影响和便利条件的测量也不够完备。

近年来，许多学者开展了针对中国社会情境的新媒介技术的采纳和使用的研究。国内学者如匡文波等基于技术的接受模型对手机、微信等移动媒介技术的使用与采纳进行了研究[80]，探讨用户对技术的感知因素对用户接受意愿的影响。其他学者则进行了移动商务、网络购物、互联网、网络直播平台使用等方面的研究[81-84]。许多研究针对具体应用和情境对理论框架加以调试，并引入了扩展变量。

因此，笔者认为，应该将社会机器人的技术功能特征、用户的个体差异及具体的应用场景和情境纳入对机器人接受意愿影响因素的考量之中。同时，基于以往对信息传播技术的接受与采纳的相关研究成果，应该引入新的变量进行扩展，深入探讨公众对社会机器人的接受和使用问题，以提高研究成果的预测力和解释力。

2.2.2 西方情境下社会机器人接受度的影响因素

以往对公众对社会机器人的接受和使用意愿的研究基本集中在西方文化情境下，然而不同文化情境因素的考量也十分重要。一项针对不同国家——韩国、日本、土耳其和美国的民众对机器人的接受差异的研究认为，不同的国家及不同的文化因素显著影响着公众对机器人的接受度[85]。与日本相似，韩国民众也认为机器人是家庭未来的潜在成员，认为它友好、热情、温顺，而美国的用户则认为机器人十分时髦、现代和具备功能性，能够像个人助理一样提供功能性的帮助。巴特内克等在丹麦、美国、日本和墨西哥等国进行的调查同样显示，不同的文化因素对人们对机器人的接受度有影响[53]。泰佩勒等发现70%的欧洲人对机器人持积极或非常积极的态度，但具体到一些属性和变量则存在很大差异[1]。

在本书中，笔者将基于中国社会情境对公众对社会机器人的接受度展开研究。

布罗德本特（Broadbent）[86]、斯马尔（Smarr）和米茨纳（Mitzner）[87]、卡尔玛（Klamer）和阿劳许（Allouch）[88]等学者分别研究了与公众对社会机器人的态度相关的若干个影响因素，包括从人的年龄、需求、性别、认知能力、教育水平、经历等用户层面，社会机器人的表现、交流、外表等机器人层面及社会因素层面如对环境的适应及融合程度、关系及默契性等来研究。

纵观以往的研究，影响人们对社会机器人接受程度的因素主要可归纳为以下五方面：一是机器人设计因素，包括外观和似人性[33,89]；二是用户个人层面因素，包括对信息传播技术的使用、利用信息传播技术开展交流的技能、个人对科技产品的兴趣、互联网使用活跃度、对网络虚拟身份的认同度等因素[90]；三是人口学因素，不同国别、不同地域、不同年龄、不同文化背景、不同性别的人对社会机器人的接受态度有较大差异[91,92]，如男性对社会机器人的接受度高于女性；四是技术的功能性因素（感知有用性和感知易用性）和社会性因素等，这些因素显著影响人们对机器人的接受度与和机器人关系的建立[88]；五是情境因素，人们更能接受社会机器人优先用于医疗、军事等宏大社会领域。

以下对影响公众对社会机器人的态度的因素进行具体分析。

1. 社会机器人设计因素的影响

社会机器人的类人性特征（外表姿态和性别特征等）、个性（性格）、语言能力（自然语言交互能力）、传播能力因素等会影响人们对它的认知[33,87]。研究显示，对于似人性程度较高的社会机器人，用户会倾向于将其拟人化，即个人会将类人性投射到非人的社会实体上[30,42,93,94]。

2. 个人层面因素的影响

总体来说，个人层面因素包括个人对信息传播技术的社会使用、利用信息传播技术开展交流的技能、互联网使用活跃度、对网络虚拟身份的认同度、个人所处的网络异质化程度、个人对科技产品的兴趣、个人隐私保护知识和能力、个人和机器人互动的经历等[11,90]。

野村（Nomura）等通过人们与社会机器人 Robovie 互动的实验得出，有和机器人交互经验的人更能在与 Robovie 互动的过程中减少不确定性和焦虑[95]。霍金斯（Hawkins）、沙尔林（Sharlin）等[11]及萨巴诺维奇（Šabanović）等[85]则指出，个人对机器人和人工智能相关媒介的消费是否会影响人们对机器人的认知和接受度在未来应受到关注。针对欧盟民众的调查显示，个人对于科技产品的感兴趣程度影响人们对机器人的接受度，对科技产品感兴趣的人对机器人的接受度更高[96]。

哈珀恩（Halpern）和卡茨（Katz）认为，用户具有更高的在线社群感（sense of online community）、越多地使用虚拟化身进行互动、ICT 使用技能越高，识别社会机器人的类人信号和社会线索的可能性就越高，而这会使他们更有可能在社会和物理情境中接受社会机器人[90]。

3. 人口学因素的影响

许多学者分别从人的年龄、需求、性别、认知能力、教育水平、经历等角度研究人们对社会机器人使用的接受程度[86,97]。

总体来说，与女性相比，男性对机器人更加持有积极正面的态度[96]；学生和经理等管理人员对社会机器人的接受程度相对较高。针对德国民众的研究显示，相比于男性，女性对机器人有更多的紧张感和更少的积极态度，更不愿意在家居环境中使用机器人[97]。

受过高等教育的群体对机器人的态度更加积极，不同职业的群体对机器人的态度也有所差异[96]。管理层人员对机器人的态度比无固定职业、照顾家庭的群体更加积极。具有科技相关职业背景的人群接受机器人进入社会承担社会角色需要的时间比从事其他职业的群体更短，且对机器人进入社会承担社会角色和职能的态度更积极[98]。

不同人群如老年人和儿童对机器人的使用接受度存在差异[87,99]。老年人对社会机器人协助生活表现出开放、积极的态度。社会机器人可以帮助老年人处理生活问题，尤其是人形大小、能灵活自由移动的社会机器人可以给老年人的居家生活提供很多帮助[87]。需要注意的是，也有研究认为不同年龄和性别的人在对机器人进入社会承担社会职能所需要的时间和态度上没有区别，这有待未来的进一步研究。

此外，不同家庭构成类型可能影响人们对社会机器人的态度。阿曼达（Amanda）、杰西（Jessie）、施鲁提（Shruti）、萨缪尔（Samuel）提出，比起独居家庭或者有特殊人口的家庭，有小孩或者其他家庭成员的家庭更有可能使用以语音交互为基础的对话型机器人，更有可能把它当作家庭成员[36]。

4. 技术的功能性和社会性因素的影响

克拉玛（Klamer）等通过对家用机器人与老年群体共同生活 10 天的控制实验的分析，认为社会机器人的功能性因素、享乐性因素会影响人们对社会机器人的接受度与关系的建立[88]。同时，人们更容易与能够个性化地叫出使用者名字的社会机器人建立情感关系。另一项针对老年群体的对社会机器人的居家使用的研究则发现，功能性依然比社会机器人的外貌更加正向地影响人们的接受度和态度；感知有用性是影响人们对社会机器人接受度的首要因素[100]。布罗德本特通过问卷及测量用户生理指数的方法，针对人们对健康关爱型服务机器人的功能性感知等进行了调查。研究发现，用户能够感受到社会机器人的益处和功能性。该研究认为，系统的可信赖度、安全和个性化的关爱程度未来应该被纳入考量范围[86,101]。

同时，社会压力驱动着新技术的采纳，如使用新技术是否可以使得个人及家庭看起来更加新潮。朋友、家人和邻里对社会机器人的观念和感知会极大地影响个人对社会机器人的感知[11]。在一项社会机器人陪伴老年人的实验中，受试者在 10 天的使用中并未感知到社会机器人 Nataztag 的功能性作用，但是却将 Nataztag 展示给家人和朋友，可见社会因素在接受与使用中起了作用[88]。

5. 情境因素的影响

机器人具体使用的情境对人们对机器人的感知和接受度有很大的影响[97]。对于是否与机器人分享日常生活，人们持模糊的态度，而对于机器人协助完成家务杂事，人们则持乐观态度，认为这非常吸引人。2012 年，“欧洲晴雨表”（Eurobarometer）针对欧洲国家进行的对机器人认知、态度和接受程度的问卷调查结果显示，人们对机器人技术有着非常固定的框架观念。欧盟民众认为，空间探索（52%）、生产制造（50%）、军事安全是机器人最应该被开发应用的领域。欧盟民众并不认为应首先将机器人用于其可以被看作“人”的领域，只有 3% 的居民认为机器人可以被用于休闲娱乐或教育领域，4% 的民众认为机器人可以被用于照顾儿童、老人和残障人士，并认为由机器人来教导和关爱儿童和老人、帮助遛狗、进行医学操作都是会让人感觉不舒服的[96]。

斯马尔等学者提出物理空间、社会情境、家庭成员间的互动、任务类型等影响人们对机器人的接受度和与机器人的关系[87]。未来应进一步加强针对各种具体情境公众对社会机器人的接受度的研究。

必须认识到的是，人们对机器人的接受意愿是由内心对机器人预设的角色来引导和决定的。承担不同社会职责和社会角色的机器人，公众对它们的行为期待是不同的，但是目前对公众对社会机器人及其带来的影响的认知缺乏相应的学术研究。

综合以往人机交互领域对机器人态度的研究，以及创新采纳与使用等研究成果，笔者提出以下要研究的问题：

1）公众对于社会机器人的接受度怎样？社会机器人承担何种社会职责和哪类社会角色是能够被接受的？

2）是否有哪些未被发现的变量与公众对社会机器人的接受意愿有关？

3）人口学因素、技术层面的因素、个人特质、社会系统影响因素是否会对公众对社会机器人的接受度产生影响？中国社会情境下的研究与以往基于西方语境的研究有何不同之处？

2.3　传播的进化：人机传播

在以计算机为中介的传播中，技术是媒介，而在人机传播中，技术变成传播的参与“主体”。随着数据科学、人工智能技术的迅猛发展，自动传播技术改变了既有的数字传播生态，人和机器之间的传播从“以计算机为中介的传播”发展为“人机传播”，呈现出前所未有的新格局。

数字自动传播技术已使传播媒介环境产生了颠覆性的变革，而国内传播学界对这一领域的发展关注相对比较欠缺。本节将对人机传播（human machine communication，HMC）领域的文献进行综述，对人机传播的缘起、概念化及人机传播与人际传播的异同等进行综述，提出探索人机传播的新议题。

2.3.1　人机传播的缘起、概念化

一直以来，人机交互领域的学者对人与机器的传播都是从信息传递的过程、提高信息传递的到达率和逼真率、提升用户体验等方向来研究的。人机交互是从多个学科和交叉学科发展而来的研究领域，该领域的学者一直致力于研究人与计

算机的交互[102]。这一研究路径的理论根源来自沃尔特（Walther）的社会信息处理理论（social information-processing model）[103]。该理论认为，虽然在以计算机为中介的传播过程中，印象管理和形成所花费的时间较长，但是只要有足够多的时间，用户是可以适应中介并且克服其中的限制的。这一模型认为，通过投入更多的时间，以计算机为中介的传播可以达到和面对面传播相同的传播效果。参与交流的同伴可以在计算机的另一端读取和理解对方的个性和特征。

在随后发展起来的 CMC 领域，纳斯（Nass）和他的同事进一步研究了人们与机器之间的传播行为。他们发现，人们对待媒介就像对待特定的社会行动者，继而他们提出 CASA 范式及媒介均等理论，认为人与机器之间的交互与人际传播相似[41,42]。这一范式为之后的研究提供了依据，拓展了人与计算机交互的各种模式的研究。

过去的研究中，人与计算机交互语境下的传播是以控制为目的进行的信息传输，是从信息传输、控制论角度切入的。控制论在定义传播元素时并不关注谁在交互过程中、交互的内容是什么，其关注的焦点是信息传输的过程。在这个情境下的人机传播是一种工具、技术的交互过程。因此，人机交互的研究内容之一是围绕着人与计算机的信息传递及其过程和人机界面的发展来开展的。这种研究的思路是将人与科技的交互框架作为一种信息的传播，并据此指导相关的技术设计与研究，如人工智能程序 ELIZA 的设计[104]、计算机的设计与发展[105]。但是，该研究路径忽视了传播的社会意义，包括技术如何塑造世界及其社会意义。

如今，技术与人之间的传播逐渐逼近类人化的人际传播，机器不再仅是一种工具。设备和应用具有了不同程度的可被编程并内置于设计中的能动性，且在使用过程中体现出来[106]。所有的机器都被理论化地认为具有一定程度的自主性，目前不断兴起的技术均围绕着这一能动性来设计并且不断被强化，如在传播中的社会实体（distinct entities）。具有似人性特征的社会机器人如 Siri、Jibo 等不仅会说话，还会和人们对话。它们知道人们的名字，可以分辨人们的声音，能够了解人们的偏好。它们作为积极的参与者进入了人们日常生活的世界。这些机器逐渐成为传播的主体，标志着技术正迎来身份的转向，这种转向亟须社会科学、传播学科等的深入研究。因此，传播学者古兹曼（Guzman）认为，传播在现有模式中无法全面地、清晰地解释目前技术的主体性的基本转向，传播的再概念化需要被审视[107]。

一直以来，有众多的词汇形容人与机器、计算机、机器人及程序间的互动传播，如 human-machine interaction、man-machine communication，man-machine conversation、human-computer communication、human-machine communication、human-computer interaction 等。人机传播的概念用来指代真实人类与智能体之间的传播交流活动。随着人机传播研究的不断深入，传播领域的学者如古兹曼、甘克尔（Gunkel）等开始用 HMC 搭建人机传播学术研究框架[7,107]。总体来说，目前不再采用 man-machine 的说法，而是用 human-machine 替代。具体到具有类人化外表、人形化设计的具身化机器人，HCI 领域则使用人－机器人交互（HRI）来指代。

古兹曼提出，传播学者一直以来聚焦于研究信息传播技术，而忽略了生产制造技术，但是生产制造技术也具有传播性，而且其产品的社会特征及人性化特征越来越显著，如家用机器人。在智能化社会，技术不仅具有工具属性，更拥有主体“意识”。人和机器间的交互将发展为具有社会性交互特性的人机传播。在过去的传播范式中，人类是传播过程中唯一的参与者。随着技术的发展，人们可以通过介质传播，但参与传播的主体依然是介质背后的人。社会机器人的出现与在现实世界中的渗透正在实践着这种人机社会交往，机器人将作为传播主体进入人类社交网络。同时，功能性、社交性与中介性这三种特性赋予了社会机器人改变整个传播生态结构的能力。因此，以人工智能和机器人为代表的自动传播技术将前所未有地、全方位地进入人类的传播实践，并改变信息传播的模式，进一步影响人与人、人与社会的关系。

因此，人机传播是一个正在传播中形塑的问题。这不仅因为机器以虚拟的算法形式进入人们的日常生活，而且其更以社会行动者的身份进入大众生活，如 Jibo、Kubi、Pepper 等具身化的社会机器人及 Alexa、Google Home 等商业化使用的对话型机器人。技术产品被越来越多地设计为传播者，被更加广泛地使用。在智能物联的技术逻辑下，从冰箱到汽车、手表等都将直接与人交换信息。

此外，传播学研究的不仅是信息传递的过程，更是其如何影响人们与他人的关系。在传播的过程中，意义得以创造与生产，对自我和他人的理解得以形成并据此塑造社会。即使是邻居间打招呼或者人们交换信息或新闻故事这样常见的传播实践，不论语言或者非语言的、在场或是中介化的、瞬时的或是持续的，都可以通过这样的传播行为创造意义。

因此，人机传播应该是人们通过与机器的交互获得意义的过程，理应包含人与机器间意义产生与创造的相关研究。人与机器间的意义产生过程能否成为可能？机器人如何习得成员之间共有的知识和常识，即如何获得机器人和人的“共同理解”及共享的知识库是未来的研究需要解决的问题。

2.3.2　人机传播与人际传播的异同

在人与机器的交互中，用户的自我披露行为与在人际交往情境下自我披露的行为是有差异的。牟怡等提出应对人与人工智能机器之间的交互规则进行探索[108]。人们与机器交互时，其个性特质和交际属性的展现是否和人际交往时不同？牟怡等通过对比实验，聚焦于人机传播的交流模式、伦理、一致性、人性、人格、拟人化等方面的特点及这一交流区别于人际传播之处，对用户与微软聊天机器人小冰的聊天记录及用户与朋友的聊天记录进行对比分析发现，人们在与人工智能（AI）机器交互时，会运用和人际传播时不同的传播策略。当与小冰交谈时，人们展现出不同于人际交往的人格特质和交际属性。相比于和聊天机器人交互，在人际交往中用户更加开放、平易近人、有礼貌、外向、认真负责、愿意自我披露[108]。思本斯（Spence）、爱德华兹（Edwards）等的研究也支持这一点。研究表明，当交谈者意识到自己是在和 AI 程序而不是真人沟通时，会表现出更低的开放性和外向性。相比于认为自己是在和人交谈的受试者，认为自己是在和机器人交流的受试者认为对方有着更少的吸引力[46]。因此，社会机器人与人的传播除了具有与人际传播相同的特点和属性，也有着和人际传播不同的地方。

阿劳约（Araujo）通过对比试验提出，聊天机器人的似人化特征和传播能力能够在人们无意识和有意识的情况下增加人们对其社会存在感和似人性的感知[109]。未来的机器人设计者可以基于用户的需求和社会反馈将人格特质内嵌于机器或者应用中，并将随和性（agreeableness）内嵌于机器人的设计中，来减小人与机器人交互的社会距离。此外，未来的研究应更深入挖掘对机器成为传播者的理解，并从机器人作为传播者的视角对人机传播进行深入研究。因此，笔者认为，对于传播研究而言，关于人机交互的探讨应该更多地尝试转换到文化研究的思路。

笔者提出以下要研究的问题：

1）在真实环境中，用户对人机传播的实践是怎样的？

2）在真实的生活情境中，用户是如何评价机器人的交流和传播效果的？

3）在人与机器人对话的过程中，产生了何种新的传播意涵与社会文化效应？

2.4 理论框架

本书研究的是社会机器人这一新兴传播科技进入日常生活的有关问题。一方面，社会机器人是一项正在不断发展和完善的技术，具有不同于其他科技产品的特性。一直以来，人机交互领域基于CASA范式进行人与计算机的交互设计，将机器人的主体性和行动者的愿景作为设计和研发准则。另一方面，通过对既往研究的梳理，学者们提出信息传播技术进入日常生活的相关问题研究可以通过技术的社会建构（social construction of technology，SCOT）、现象学社会学等理论框架开展。本书中的研究采用的理论框架分析如下。

2.4.1 计算机是社会行动者的理论

一直以来，人机交互领域的学者依托CASA范式理解用户体验和技术建构。纳斯等学者通过实验证明技术如何引发人类的反应，并认为类人的特征，如面部表情、声音和情感可以作为社会线索用于指导用户把这些行动者归入似人的范畴，以及引起相应的社会反应[40,41]。

相关研究均指出，人和计算机的互动也会引发用户与人际交流相似的社交体验，并以相应的人际交互规则进行反馈，进而提出可以将计算机视为社会成员的观点。根据这一发现，人机交互的设计者们认为，将社会线索植入人机交互的界面可以使计算机展现出似人的特质，并在面对消费者的技术产品设计中将其作为准则，目的是使得用户在潜移默化中接受计算机提供的社会性信号，并给予相应的社会性回应。也就是说，尽管使用者知道他此刻正在和机器交互，但依然会赋予计算机人性，并且在互动中遵守人际传播中的礼貌法则[110]。

这为我们思考人机互动、了解人和计算机之间充满情感色彩的、错综复杂的关系开创了全新的视角。随着人工智能、机器学习能力的指数级进步和对话型智能体及类人化人形社会机器人的面市，CASA范式被用于人与机器人互动的研究中。爱德华兹、思本斯等比较了推特（Twitter）用户对聊天机器人账户和人的账户的感知，结果显示，人们无法分辨推特聊天机器人与真实的人，推特聊天机器人被认为和人一样在传播中是可信赖的、具有吸引力的、有效率的[46]。

这对我们理解人与社会机器人的交互十分重要。如果机器人作为传播者可以模仿社会线索、模拟人类情绪及在不同情境下作出适宜的社会回应，那么在未来就可以发展出一种亲密性人机关系和电子情感。

2.4.2　行动者网络理论

HCI 领域的学者布瑞泽尔等认为社会机器人可以能动地回应人的情感，是嵌入现实的物理生活环境中的社会行动者[31,34]。社会机器人具有一定的主体特征，因此人与社会机器人的传播交互可以看作两个或多个社会行动者之间的交流。

法国社会学家卡龙（Michel Callon）和拉图尔（Bruno Latour）约在 20 世纪 80 年代提出了行动者网络理论（actor-network theory，ANT）[110]。值得注意的是，技术、物品、价值观念和看法等非人的力量也被纳入“行动者”的概念中，而且不同“行动者”之间的关系并非固定不变的。如果用结点来指代每一个行动者，不同的结点互相链接就勾连成了无缝之网，通过这样的网络，我们可以直观地了解到技术与社会的演进之间的密切联系和不可分离性。

第一，行动者网络理论强调的是非人的存在和力量，即技术、物体和观念等的重要性，提出应该将自然要素和社会要素同等看待，人类行动者和非人类行动者是连接在一起的，共同营造一个可协调、具有动态稳定性的行动网络。第二，该理论强调，在不同行动者连接，建构成异质性网络的过程中，也在同步塑造网络[111]。

因此，该理论认为科学实践与其社会背景是同时发生、相互建构、共同演化的，两者之间并不存在直接和单一的因果关联，并试着去整合技术微观与宏观层面的考察，把技术的社会建构向科学、技术与社会关系的连接和建构扩展。

基于行动者网络理论的框架，社会机器人不仅能够作为传播者参与人机交互，而且可作为传播技术“行动者”，进入社会传播网络及人与物、物与物相连的物联网络中，进一步对社会结构产生影响。在算法和人工智能、情感计算不断进步的时代背景下，社会机器人不仅扮演着传播技术中介的角色，而且作为传播主体之一的“传播者”参与到社交网络中，并带来更大的政治、经济和社会文化层面的隐喻效应。社会机器人将会创造一个由使用者、科学家、工程师、设计师、生产商、大众媒体等组成的复杂网络。

2.4.3　技术的社会建构理论和技术的驯化理论

1. 技术的社会建构

荷兰技术哲学家比克・休斯（Hughes）、美国技术哲学家品奇（Pinch）在 20 世纪 80 年代后期提出技术的社会建构理论[112]。除了以上两位学者，英国的麦肯齐（Mackay）[113]、法国的卡隆（Callon）[114]和劳（Law）及科学知识社会学

（sociology of scientific knowledge，SSK）领域的科林斯（Colins）、拉图尔等学者都是技术的社会建构理论的提倡者。

社会对技术的影响这一维度是技术的社会建构理论的切入点。

第一，该理论认为，普通用户是技术的社会形塑的积极贡献者，用户的能动性处于技术发展的中心位置，某些领域的知识是能动的用户建构起来的，并且新技术的引入、发展与调整是社会行动者对意义进行协商、谈判和斗争的过程。

第二，该理论认为，技术的内在规律和自身逻辑性并不能完全决定技术的发展路径。必须承认的是，某一社会情境下的政治、伦理价值一定会负载和内化在技术的发展过程中。因此，技术的社会发展是一个不确定的偶然并受到多种异质性因素影响的过程。

第三，非技术因素在技术的发展中扮演着异常关键的角色。技术的变迁、发展方向的调整和定型经过了不同的相关社会群体的大量技术论争。技术的哪种特质被凸显和强化，带来了何种影响，不能完全取决于技术本身的客观性，也受到许多相关社会群体的诠释框架的博弈的影响。不同的社会群体将不同的意义赋予同一人工物，继而解释人工物的某一种发展路径，即为什么有些方向会渐次消失，而其他方向会继续存在、强化和固定。最终，何种解释可能被接受，将受到科技开发和应用的主体所处的社会政治、经济、文化制度的选择机制影响。不同的个人或群体及享有共同概念框架和相同利益的社会群体都会参与技术论争及其战略方向的决策，使技术的发展方向可以依循自己所在相关群体的考量和意愿。因此，在社会机制中发展起来的技术，必然会被打上社会过程的印记。这种来自不同意义群体的诠释差异就是人工物的阐释柔性（interpretative flexibility），即通过广告和大众传媒等修辞性闭合机制（closure mechanism），使得各种社会群体成员相信技术的某种特别设计优于其他设计，从而使问题消失。

综上，技术的建构理论认为，技术的发展是技术的变异和社会行动者不断选择的交替过程，并非单一的、固定的线性模型，社会因素在技术演化中起到重要作用。相关学者在研究技术的发展和社会使用等议题时，不能忽略社会结构和社会语境等因素对技术建构和发展的影响。

在下文社会机器人用户使用实践的深度访谈中，笔者将依托技术的社会建构框架，考察：社会因素是如何影响社会机器人这种新技术的引入、接纳和使用的；在中国特定的社会情境、文化消费和媒介框架下，社会机器人技术的建构与西方情境下的发展有何不同；不同的社会群体对技术有着何种不同的诠释，又是如何凸显和强化社会机器人这一技术产品的某种发展方向的。

2. 技术的驯化理论

近年来，随着信息技术的发展和摩尔定律验证下的芯片处理器等技术的稳步改进，在家居领域使用的技术和电器越来越多样化。尤其是从20世纪80年代直至今天，个人计算机、互联网、智能手机、智能家居等越来越广泛地进入家居环境中。观照传播学科以往的研究，从戴维·莫利（David Morley）、詹姆斯·罗尔（James Lull）等英国文化研究学派学者开始，许多学者着眼于在日常生活场景中考察人们如何消费电视等媒体[115,116]。随着移动设备的出现，许多学者如里奇·林（Rich Ling）[117]、哈登（Haddon）[118,119]、哈特曼（Hartmann）、博尔克（Berker）[120]、巴克德捷瓦（Bakardjieva）等采用驯化理论的研究框架，考察智能手机、计算机、互联网等媒介技术引入家居环境的过程、意义及给日常生活带来的影响。

英国学者罗杰·西尔弗斯通负责的“信息与传播技术的住户使用”研究项目是技术的驯化这一研究路径得以实践的依托[49]。在之后的拓展研究中，媒介技术的家庭使用和消费的步骤被西尔弗斯通和赫希（Hirch）总结提出，即技术在被购买的时候就被调用，其在家庭居住空间中的特定放置被对象（或客体）化，主体通过在日常生活中对新媒介技术的使用实践与微观规制将其整合和纳入日常生活，实现在家居情境中的转换。因此，技术的驯化理论认为，媒介是在日常生活中创造意义和技能的基础设备或手段之一[47]。

在本书的研究中，笔者将遵循技术的驯化路径探索社会机器人这种新的传播技术如何进入家居领域，又是如何被纳入用户的日常生活中的，以及这种调用、整合和转换的过程带来的意义是什么。

2.4.4　现象学社会学

现象学社会学提供了非常宝贵的视角来探讨人们如何体验和理解日常生活的世界并试图探究生活现象背后的社会意义，以及人们该如何去理解这种意义，人类的行动又是如何构成世界的结构的等问题。在现象学社会学家阿尔弗雷德·舒茨（Alfred Schutz）看来，日常生活是设定人类活动的规则的场所，是生活世界的中心，日常生活是“生活世界”最重要的组成部分[121]。

舒茨认为，社会行动者是处于生活世界中的，并且对生活持有最初的、朴素的、未经批判反思的自然态度。正如舒茨所言，行动与抉择的问题必须着重于对生活世界的分析。需要特别研究的是处于生活世界中的社会行动者的主观意识，以及力求从生活世界及其内部出发阐明生活世界和行动的意义结构[122]。

因此，社会学现象学认为，行动者赋予行动的意义一定与人们所处的生活世界相关联。日常生活之所以能成为考察家庭成员行动的主要领域，是因为其作为行动者的家庭活动被赋予了意义。研究者可以从舒茨提供的日常生活世界的视角把握处于变动的社会文化环境中的鲜活的家庭，进而挖掘家庭成员的行动和家庭内的人际互动，从日常生活中认识这种行动的意义[123]。

舒茨的日常生活世界的架构为人们提供了理解传播科技区别于其他科技的路线。传播科技与设备中介了主体对日常生活世界的理解模式及主体行动者针对日常生活世界的行动[120]。社会机器人等新兴技术的使用者是借由日常生活如在家庭中与科技产品共处的机会来形塑科技，而不是通过参与专业的科学技术产品研发实现，或是有意识地参与科技产品的设计。也就是说，大多数使用者在利用科技的过程中并没有离开他们的日常生活，同时，科技改变了使用者的日常生活架构。

因此，本书将基于日常生活世界的视角关注意义的建构，考察作为日常生活中的行动者的用户是如何诠释、理解对话型机器人并建构这一使用的意义的。

2.5 具体研究问题的细化

综上，通过文献梳理，笔者认为，随着人工智能的发展，新兴科技将具有更高的智能化程度和自主性，以社会机器人为典型代表的新兴科技将逐渐成为独立的对象，成为对话的传播者和交流对象，融入人们的日常生活。同时，既往的公众对新科技的认知和态度的研究在新的社会语境下应重新被审视。

第一，社会机器人的早期采纳者群体，尤其是用户在实际生活情境中的使用应该得到研究。本书具体研究的第一类问题如下：

1）以对话型机器人为代表的社会机器人进入家庭的过程是如何实现的，其在家庭中是如何工作的，它们是如何被纳入人们的日常生活及实践中的，它们是如何被整合到现有的、组成日常生活的家庭活动和关系中的？

2）在日常的实践中，用户如何诠释、理解对话型机器人并建构这一使用的意义？用户如何通过在家庭中使用对话型机器人进行社会交往、获取信息等？

3）在技术的社会建构的视角下，对话型机器人的使用类型如何实现稳定化？用户对社会机器人这一新传播技术的定位和认知是怎样的？

4）在家庭中率先使用社会机器人的早期采纳者有哪些特征和类别？

5）不同的人口学属性的用户在使用社会机器人时有何不同？对于不同的社会群体而言，社会机器人的使用会带来哪些社会隐喻？

第二，社会机器人越来越多地进入大众的日常生活和工作领域，对公众接受意愿的研究对于社会机器人在社会再生产领域中被大规模采纳和扩散十分重要。同时，在科学技术政策发展的公众参与的转向下，尤其在存在争议的科技政策领域，将公众参与纳入，听取公众意见和感受，保证公共利益等对社会机器人这一新兴技术进入社会再生产领域十分重要。

因此，笔者提出本书研究的第二类问题：

1）我国网民对于社会机器人的接受度怎样？社会机器人承担何种社会职责和哪类社会角色会被网民所接受？

2）在中国社会情境下，人口学变量、技术层面的因素、个人层面的因素、社群因素是否会对网民对社会机器人的接受度产生影响？

第三，人机传播效果、社会机器人未来的展望值得考察。因此，笔者提出以下要研究的第三类问题：

1）在真实环境中，人机传播的实践是如何进行的？用户如何评价人机传播的效果？在人与机器人对话的过程中，产生了何种新的传播意涵与社会文化效应？

2）公众对社会机器人的愿景、期待和发展愿景如何？担忧与矛盾是什么？

本书研究的三类具体问题如图2.1所示。

第一类问题：
社会机器人如何被整合进入家庭？
用户如何诠释社会机器人并建构这一使用的意义？
早期使用者的特征和类别有哪些？

第二类问题：
社会机器人逐渐进入日常生活，网民的接受意愿如何？
中国社会情境下，个人因素、人口学变量、技术功能因素、社群因素、传播渠道等是否影响网民对社会机器人的接受度？

第三类问题：
用户对人机传播的效果评价是怎样的？
用户对社会机器人的期待、担忧有哪些？
社会机器人发展带来的社会影响有哪些？

图2.1　本书研究的三类具体问题概述

2.6 小　结

人机交互相关研究为人们如何与社会机器人进行交互，对话型机器人如何支持社会性交互等问题提供了参考。

首先，笔者围绕人机交互和基于计算机的协同工作领域的学者对于用户对机器人的社会性感知、社会机器人具体使用情境等的研究进行了总结，探究对社会机器人的家居化使用继续深入研究的必要性，并归纳面临的问题。

其次，笔者根据相关文献，总结有可能影响公众对社会机器人认知和态度的因素，包括机器人设计因素、技术的功能性和社会性因素、人口统计学因素、情境因素、文化和国别因素等。

再次，针对社会机器人作为传播者和交流对象的属性，结合传播学界相关学者的研究，对人机传播的缘起、概念化、人机交互路径下人与机器传播的研究、人机传播和人际传播的异同等方面进行综述。

最后，笔者对本书所采用的理论框架进行阐释。

基于此，笔者提出拟研究的具体问题，相关问题将在后面的章节展开研究设计和分析。

本章内容总结如图 2. 2 所示。

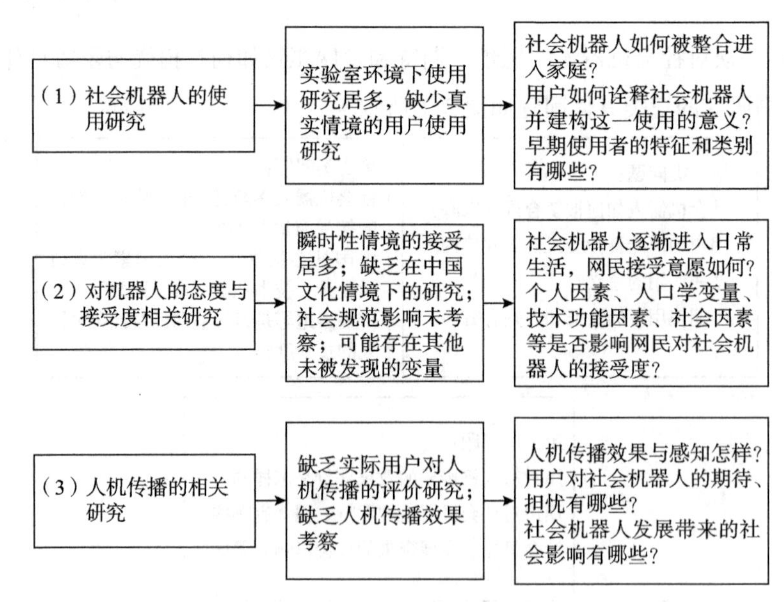

图 2. 2　第 2 章内容总结

第3章　研究设计与研究方法

为了解答第2章中提出的要研究的问题，笔者将采用深度访谈与问卷调查相结合的方法开展研究。根据要研究的问题，将研究框架和思路分为三部分。本章内容安排如下：首先介绍研究设计及研究框架；然后对笔者开展的深度访谈和参与式观察研究进行介绍，即为何要采取定性研究、如何实施深度访谈、访谈对象样本的选取与概括；最后对开展的问卷调查研究进行阐释，并对问卷调查的实施、问卷发放与数据收集、问卷调查样本特征进行说明。

3.1　研究框架

研究者在研究过程中，根据研究对象和要研究的问题，可以使用偏向研究者主观观察但是不一定具有普遍性的定性方法，也可以使用偏向客观、可验性但难以深入抓取本质特征的定量方法，或是将二者相结合。定量方法和定性方法并非泾渭分明，而应该是相互借鉴的。在研究不明确的情况下，多采用定性的、探索性的研究方法，包括文献研究、观察和深度访谈等；而在解读数据阶段，与定性研究相结合，才能挖掘出隐藏在数据背后的真相。

本章第一部分采用定性的研究方法，对家居情境中对话型机器人的使用者进行深度访谈，对他们的使用经验与感受的意义作初探性的分析与理论建构。这是希望通过进入“现场”（用户的家居环境）获得第一手数据与用户的直观感受，以分析访谈对象的意义建构过程。

在本章第二部分，首先根据第一部分的深度访谈和参与式观察提取在中国社会情境下有可能影响中国公众对社会机器人接受意愿的新的影响因素。这是因为针对不同社会情境下的不同创新应用，需要检验现有理论是否适配新的社会情境和创新特性，既有的研究发现和模型是否需要加以调试、修正和组合，在新兴的技术创新、接受和采纳的情境及阶段中是否需要扩充或新增其他维度的变量[17]。然后，笔者根据中国互联网网民人口结构进行配额抽样，通过委托专业的第三方样本服务公司开展我国网民对社会机器人的态度和接受意愿的问卷调查，最终获得769个有效样本。通过这一研究，笔者意欲用翔实的调查数据细致地展示我国网民对社会机器人的接受意愿，分析人口学变量、个人层面的因素、技术层面的因素、社群因素等变量是否影响人们接受机器人进入社会担任不同的社会角色。

本章最后基于以上定性和定量研究，对影响中国公众对社会机器人的接受和使用的影响因素进行分析，并对社会机器人发展带来的正负效应和愿景展望进行讨论。

图3.1所示为本章的研究设计框架。

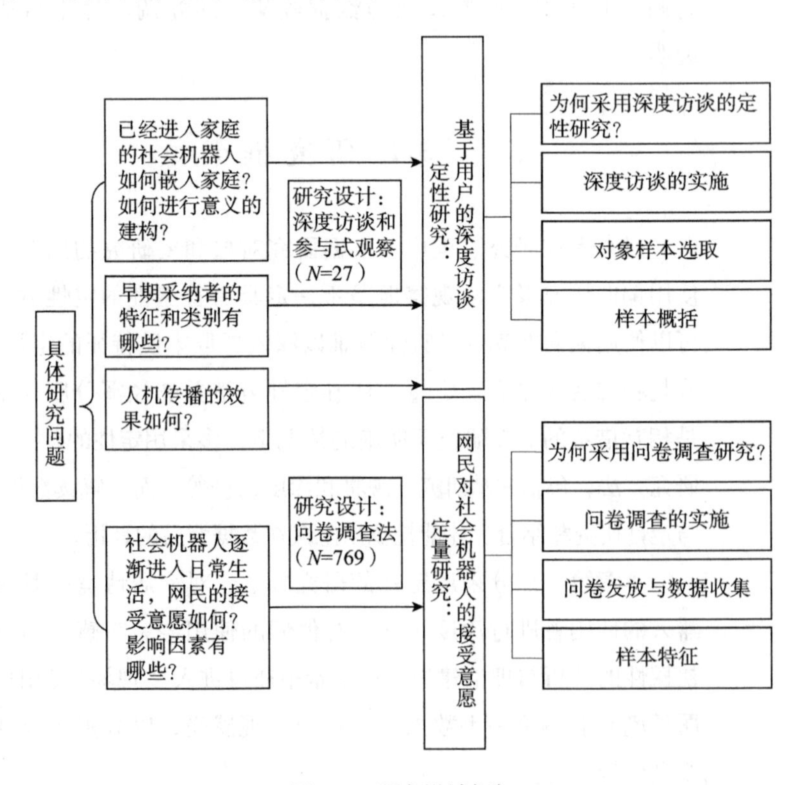

图3.1　研究设计框架

3.2　基于深度访谈的研究

笔者认为，社会机器人在家居环境中的使用十分依赖消费者对机器人的主观感知，如使用者认为的，它们是如何工作的，它们可以在家居环境中做什么及不能做什么，机器人如何辅助生活，对于不同群体的人而言以语音交互技术为基础的社会机器人的使用会带来哪些社会隐喻等。

本书聚焦于使用社会机器人的用户，试图描绘新媒介技术与他们的日常生活。笔者采用深度访谈和参与式观察的质性研究方法，进入用户的日常生活，试图考察在日常生活场景中用户如何使用社会机器人，人与社会机器人之间的交互，以及用户如何诠释机器人在家居情境中使用的意义。这种方法使得研究者自身成为研究的工具，以此获取鲜活、多元的文本资料。

3.2.1　为何采用深度访谈的定性研究

以往基于西方文化情境，学者采用实验、会话分析（conversational analysis）、视频分析等方法研究人与机器人的交互，但是这些研究多基于实验室环境的瞬时性使用进行考察，研究结果和实验实施过程的有效性有待商榷。

虽然也有学者开展了有关机器人使用的民族志研究，如有学者针对扫地机器人进行的为期半年的田野研究[52,124]，以及针对老年人与社会机器人共同生活进行的为期10天的实验[55]，芙丽兹等进行的机器人使用的田野调查[125]，但这些研究存在一个共同的问题：研究者都是采取招募受试者的方式，邀请受访者将尚未推向商用市场的新科技产品带回家使用一段时间，并提前告知受试者自己的研究目的。因此，从严格意义上来说，这并不是用户在真实情境下的使用。

本书要研究的是在自然情境下的实践，即使用者是在自然的情境中与对话型机器人进行互动，并通过深度访谈和参与式观察获得他们对这种交互的理解。

所谓深度访谈，是探究被访者在访谈时赋予自己话语和行动的意义。这一探究过程是通过访谈者对原始文本的解读和诠释来实现的，而原始文本不仅包括访谈时受访者表达的语言，还包括访谈者观察到的被访者的表情、语气、服饰等非语言符号及受访者的行动和所处的情境[126]。深度访谈最根本的目的是挖掘被访者的独特看法，经由日常生活了解被访者的想法，找寻分类的基本特征。

由于当前社会机器人的概念在普通大众群体中尚处于未普及阶段，并且当前市场上可以见到的居家使用的社会机器人种类较少，用户对社会机器人的直观认知程度有限，所以在考察用户如何使用社会机器人的研究中，我们针对的是使用对话型机器人（如小爱同学、小度、小度在家、小雅智能音箱、天猫精灵、阿尔法蛋智能机器人、优必选阿尔法机器人、小迪机器人等）的用户。同时，笔者将家庭作为研究场景，因为一方面目前普通用户对机器人的使用主要在家居领域，另一方面，“家”是私人场所，其带来的体验是熟悉的、安全的，是可以管理和掌控的。因此，笔者经由深度访谈可以了解用户在家庭情境中对机器人使用实践的真实、质朴的诠释。

3.2.2 深度访谈的实施

笔者采用的抽样方式为判断抽样。判断抽样是经预先判断产生依据，有目的地抽取“有代表性的样本”。这种抽样方式尤其适用于深度访谈等质性研究的样本选择。

笔者通过口头传播、在社交媒体平台如微博和微信发布招募信息、在社交媒体上主动搜索等方式招募使用小雅智能音箱、小爱智能家庭助理、小度同学智能音箱、阿尔法蛋智能机器人、优必选机器人等对话型机器人产品，并且使用时间不少于三个月的用户。2018 年 3 月至 2019 年 3 月，笔者对 27 名使用机器人产品的用户进行了访谈，用户的人口学属性包括年龄、家庭、学历、所在地区等信息，见附录 B。因为目前进入市场商用的机器人产品主要是以语音交互为基础的产品，如智能音箱、带屏智能音箱、桌面式机器人产品，所以研究仅对目前使用机器人产品时间不少于三个月的人群进行访谈，以了解他们的使用经验。受访者使用的机器人产品主要有小度同学智能音箱（以下简称小度）、阿尔法蛋智能机器人、小迪机器人、小爱同学（以下简称小爱）、小雅智能音箱（以下简称小雅）、小度在家、带屏智能音箱、优必选机器人。

笔者进入受访者的家中，受访者会告诉笔者机器人摆放在哪里、家庭的空间安排，并解释这个智能设备使用的范围是怎样被逐渐塑造出来的，它们如何与其他家居空间建立关系，它们是如何嵌入家庭中的关系和活动的。他们像切面包一样把与对话型机器人使用相关的内容“切成片”，分成如社交、娱乐、打发无聊及建立和维系社会关系等方面。

笔者在访谈开始前进行了充分的准备，列出了一个包含主要问题和研究脉络又不失开放性的访谈提纲（详见附录 A）。笔者在访谈的过程中依据访谈对象的不同回答而有所追问或及时调整问题的先后顺序。具体来说，笔者从对话型机器人的购买时间和购买理由、在家居空间中的摆放位置、应用场景和感受、具体使用行为、对机器人的定位和评价、机器人使用与家庭互动、人机交流和传播效果评价、机器人拟人性的感知和评价、对机器人发展的展望和接受意愿、对隐私的看法、家庭中其他媒介的使用、日常生活安排、媒介文化消费、个人特质、社群网络影响等方面展开访谈。此外，部分受访者还和笔者分享了其拍摄的自己或者家中其他成员使用机器人的照片和视频等。在每次深度访谈结束后，笔者会第一时间撰写访谈备忘录以及时记录观察到的所有信息。

在对深度访谈和参与式观察所获得的原始文本进行分析和处理的过程中，笔者采用 Nvivo 12 这一计算机辅助质性分析软件进行编码。通过研读访谈记录并基于 Nvivo 12 编码，在内容分析、结构分析和对比合成分析的基础上，笔者总结出一些主节点和分支节点来分析用户如何利用技术的可供性而成为某种类型的用户，社会机器人在家庭中的使用是如何成为技术的、社会的、认知的和关系的网络的，用户创造出的多元化的使用图谱等。

3.2.3 访谈对象样本的选取与概括

因为访谈对象分布在我国多个地区，出于访谈对象的意愿和交通及便利性等因素的考量，其中 15 名受访者通过面对面的形式完成访谈，12 名受访者通过视频、语音、电话、邮件往来等网络的形式完成访谈。面对面的访谈时间为 1 ～ 3 小时，访谈地点主要是访谈对象的家中、办公室、公司会议室、咖啡馆等场所。

除接受访谈外，其中 20 名受访者还提供了日常生活中使用机器人的照片和视频，部分影音素材允许研究者使用。

表 3.1 综合概括了访谈对象的基本特征和基本的人口学信息（受访者详细的信息素描参见附录 B）。可以看到，访谈对象的年龄在 20 ～ 65 岁（平均年龄为 34 岁），大部分为 20 ～ 40 岁，也有部分老年用户；女性为 14 人，男性为 13 人；学历方面，本科以下学历的有 8 人，本科学历的有 15 人，研究生及以上学历的有 4 人。

访谈对象职业各异，地理分布各异。受访者分布在我国多个地区，如河南、河北、黑龙江、江苏、北京、江西、内蒙古、浙江、山西等，研究者奔赴上海、江西、江苏、北京、河南等地进行访谈数据的收集。遵循社会学、人类学研究的一般伦理原则，为保护访谈对象的隐私，用不同的编号指代访谈对象。

表 3.1　访谈对象基本特征综合概括（$N=27$）

项目	特征描述
性别	男性 13 人（48.1%），女性 14 人（51.9%）
年龄	20～65 岁，均值为 34 岁
婚姻状况	已婚 18 人（66.7%），单身 9 人（33.3%）
学历	本科以下 8 人（29.6%），本科 15 人（55.6%），研究生及以上 4 人（14.8%）
职业	专业技术人员 8 人，企业管理人员 5 人，商业/服务业人员 7 人，党政机关和事业单位人员 5 人，自由职业者 1 人，退休人员 1 人
家庭成员	家中有儿童 17 人（63.0%），家中有老人 4 人（14.8%）
所在城市类别	国内特大城市（北京、上海、广州、深圳）12 人（44.4%），国内其他大城市（省会城市）12 人（44.4%），国内中小城市（各地级县市）2 人（7.4%），城镇 1 人（3.7%）
月收入水平	3000～25 000 元，众数 5000～9999 元
使用的机器人设备	小爱同学（10 个），小雅（2 个），阿尔法蛋智能机器人（2 个），小度（7 个），小度在家（6 个），小迪机器人（2 个），优必选机器人（1 个），天猫精灵（2 个）

3.3　基于问卷调查的研究

为了解中国网民对社会机器人的接受意愿及网民对社会机器人扮演何种社会角色和承担何种社会职责表示接受，并解决哪些变量会影响网民对社会机器人的接受意愿，对于未来类人化人形机器人进入家庭使用的态度和对社会机器人的发展展望等问题，笔者采用了问卷调查的方法进行研究。

3.3.1　为何采用问卷调查的研究方法

许多针对社会机器人的接受意愿的研究采用了问卷调查的研究方法，不同之处是：第一，样本人群不多，以老年人、学生、儿童等特定人群居多；第二，针对的机器人类型不同。

问卷调查法通过抽样能够获得具有代表性的样本，样本成员的特征能反映较大群体的特征。研究者通过设计严谨、标准化、结构化的问卷，最大限度地保证从所有受访者那里获取相同形式的数据。问卷调查法所具有的统一、精确、稳定和实用等特点使得其检验结果相对客观和科学，并且能突显理论的抽象化和概括性，加强对现象之间的相关或因果关系的分析。因此，本书针对考察网民对社会机器人接受意愿的影响因素这一问题，采用了问卷调查的研究方法。

3.3.2　问卷调查的实施

在做大规模的正式调查之前，笔者于2018年10—11月进行了60份问卷的小样本测试性调查，邀请60名受访者填写问卷，然后询问这些受访者填写问卷的困难和对问卷设计的建议。在此基础上，笔者进一步调整、删减、增加相关题目或选项，精炼问题和表述，最终形成用于正式抽样调查的问卷。具体的问卷详见附录C。

最终发放的问卷主要由三部分组成。第一部分是卷首语，包括开展该项调查的背景和研究目的、对被调查者的承诺等。第二部分是受访者的基本人口学信息，包括年龄、性别、家庭构成、婚育状况、收入状况、受教育程度、居住地区、职业等。第三部分是问卷正文，由量表题和单选矩阵题构成，选项采用李克特5级量表，选项从“非常不同意”到“非常同意”。

3.3.3　问卷发放与数据收集

由于社会机器人是移动互联网与人工智能技术快速发展的产物，其天然地具有互联网的属性，要求使用者具有一定的计算机知识和理解能力。尤其是在家居情境中使用的社会机器人，必须通过连接无线网络的方式才能更好地发挥搜索、智能对话、提供服务和决策等功能，这就要求使用者必须在具备网络的环境中，拥有与网络相连的计算机或手机，掌握一定的计算机和网络知识和技能。因此，笔者选择以中国互联网网民人口为总体进行抽样。

笔者选择通过专业的样本数据库“问卷星”提供样本服务和回收问卷。根据2018年中国互联网络信息中心（CNNIC）发布的《第42次中国互联网络发展状况统计报告》中提到的互联网用户特征，对“问卷星”的样本回收提出配额抽样的要求，要求回收的样本在性别、年龄、学历、所在地区这四项人口特征上的比例与中国互联网用户的各项比例尽量接近。因此，需要先确定总体中的特性分布，即明确后续抽样依据的控制特征，并通过配额确保在这些特征上样本的构成与总体的构成在较大程度上相一致。接着，按照配额控制样本的抽取工作，使得抽出的样本在笔者要求的规定元素上符合所控制的特性。

在回收的有效问卷中，根据这四项人口特征调整样本结构，最终得到与中国互联网用户主要人口特征大体接近的样本。从2018年12月至2019年2月共发放800份问卷，回收有效问卷769份。由于研究样本与中国互联网网民特征比较接近，所以可作为随机样本使用。

3.3.4 问卷调查样本特征

769份样本的年龄分布比较均衡，其中，20岁以下人群占比为1.2%，20～29岁人群占比为34.3%，30～39岁人群占比为36.5%，40～49岁人群占比为20.0%，50岁及以上人群占比为8.0%。由此可知，受访者中40岁以下的人群占比为72%。

中国互联网络信息中心发布的《第42次中国互联网络发展状况统计报告》显示，截至2018年6月，我国网民以青少年、青年和中年群体为主，70.8%的网民年龄在10～39岁。其中，10～19岁年龄段的网民占比为18.2%；20～29岁年龄段的网民占比最高，达27.9%；30～39岁网民占比为24.7%；40～49岁网民占比为15.1%；50岁及以上群体占比为10.5%。由此可知，我国网民中40岁以下的群体占比为70.8%，30～49岁中年网民群体占比由2017年年末的36.7%增加至39.8%，互联网在中年人群中的渗透力加强[50]。

可以看出，本次样本的年龄分布特征与中国互联网络信息中心发布的《第42次中国互联网络发展状况统计报告》结果大体一致。具体来说，本次调查的样本中，40岁以下群体所占的比例（72%）与中国网民中40岁以下群体的比例（70.8%）十分接近；40～49岁群体所占比例（20.0%）与中国网民中40～49岁群体的比例（15.1%）相比略有上升；50岁及以上人群所占比例（8.0%）与中国网民中50岁及以上人群占比（10.5%）相比略有下降。考虑到社会机器人是新兴的科技产品，对此有所关注的人群有着相对年轻化的倾向，因此样本结构在50岁以下人群中稍有偏移是可以接受的，这也说明本次调查具有较高的可靠性。

本次调查的样本中，性别分布几乎相等，女性占52.41%，男性占47.59%，样本的性别结构与中国互联网络信息中心发布的《第42次中国互联网络发展状况统计报告》结果（男性占52%，女性占48%）几乎一致。

本次调查的样本在受教育程度上表现为大专和本科学历的人占76.72%，与中国互联网络信息中心发布的《第42次中国互联网络发展状况统计报告》结果相比略有差异。使用社会机器人是需要一定的计算机知识和理解能力的，受过高等教育的人比较容易接受，因此调查样本的学历分布朝高学历方向偏移是合理的。具体的样本人口学特征见表 3.2。

表 3.2　问卷调查样本特征（$N=769$）

项目	样本特征	占比/%
性别	男	47.59
	女	52.41
年龄	10～19 岁	1.2
	20～29 岁	34.3
	30～39 岁	36.5
	40～49 岁	20.0
	50 岁及以上	8.0
所在地区	国内特大城市	35.50
	国内其他大城市（如省会城市）	30.17
	国内中小城市（如地级县市）	28.09
	乡镇及农村	6.24
受教育程度	初中及以下	2.86
	高中、技校、中专	8.20
	大专	14.04
	大学本科	62.68
	研究生及以上	12.22

3.4　小　　结

在本章中，笔者首先对研究设计进行了详细说明，并根据要研究的问题将研究框架分为三部分。

第一部分采取定性的研究方法，采用判断抽样的方式进行抽样，针对 27 个使用以语音交互为基础的对话型机器人样本，以家庭为研究场景，介绍了访谈对象的招募和选取、访谈的实施、受访样本的基本特征和人口学信息等。

第二部分根据在第一部分进行的深度访谈和参与式观察，分析对话型机器人早期采用者群体的使用、驯化过程，提取可能影响中国公众对社会机器人不同社会角色接受意愿的新的因素。然后，根据中国互联网网民人口结构进行配额抽样，通过委托专业的第三方样本服务公司的方式，对样本回收提出配额抽样的要求。要求回收的样本在性别、年龄、学历、所在地区这四项人口特征上的比例与中国互联网用户的各项比例相近，最终获得769个有效样本。本章对本次样本的人口学特征进行了描述，发现本次问卷调查所得的样本与中国互联网络信息中心2018年8月发布的《第42次中国互联网络发展状况统计报告》的结果大体一致。

第三部分，为了了解公众对社会机器人发展的愿景和顾虑，笔者拟通过深度访谈和问卷调查相结合的方式开展研究。

第 4 章　社会机器人进入家庭：用户的驯化

在“三重革命”——社交网络革命、移动革命、互联网革命到来的背景下，每个人都是自己关系网络的主宰者、掌控者，这种掌控感有赖于科技尤其是无处不在的数据收集系统、人工智能的进步等所带来的便利。随身携带的手机里的虚拟助手让人们可以根据他人工作和生活的安排进行相应的调整，正如《超越孤独：移动互联时代的生存之道》一书中所提到的里奇·林使用的短语——超级协调（hyper-coordination）[15]。近年来，随着机器学习、大数据和传感器技术的发展和普及，包括人工智能程序、人工智能应用、人工智能机器、实体的社会机器人等在内的人工智能体正在以具身化和非具身化的载体形式逐渐渗透到日常生活中。

亚马逊推出的对话型智能机器人 Echo 仅 2018 年第三季度就在全球卖出 630 万台[35]，苹果公司则在 2018 年发布了基于 Siri 的 Homepod。在中国市场，微软的小冰、微信的小微等语音对话智能体也在快速发展，百度旗下的小度同学和小度在家、阿里巴巴旗下的天猫精灵、喜马拉雅的小雅智能音箱、科大讯飞股份有限公司的阿尔法蛋儿童陪伴机器人和优必选阿尔法机器人等各类机器人产品快速进入普通用户的日常家庭生活。目前已经推向市场的 Alexa Echo 等智能设备一般以对话型智能体（conversational agent，CA）、语音交互机器人（voice-activated robot）、会话式机器人（conversational robot）的称呼居多。本书综合各学者的不同称呼，采用对话型机器人这一称谓[62,64]。

近期调查显示，63% 的美国民众愿意使用声音助理，如苹果的 Siri、谷歌的 assistant、Alexa 等，这是因为 Siri 和 assistant 用起来更容易，比打字方便，Alexa 用起来则非常有趣。2017 年，大概 3560 万个美国家庭与以语音为基础的对话型助理至少每月进行一次交谈，其中70.6%是与Alexa互动[35]。

正如杨伯溆教授所言，工业化的深化发展带来了社区的解体、家庭的离散和孤独的大众，并形成了以跨地域为标志的社会人际关系网络，而这正是当代电子媒介如电话、手机、互联网等扩散和应用的社会基础[127]。需要明确的是，在“三重革命”带来新的社会互动的背景下，“网络化个人主义”的生活方式日益兴盛。网络化社会的崛起使得原有的社会结构被进一步打破。随着行动者个人力量的崛起，行动者具有了挣脱社会结构的制约的可能性。在新技术环境下出现新型社会交往，是社会机器人等新型移动传播技术得以扩散和应用的社会基础。

随着消费和科技应用的社会环境的变化，特别是家庭消费水平的迅速提升，近年来，许多学者开始转向对科技特定使用背景如家庭使用进行研究。这个转向的前提是这种研究的重要性，即能够帮助我们了解科技最初是如何被感知、被理解、被接受并被人们在不同条件下以各种各样的方式加以应用的。

人们如何进行技术的日常使用是一个很重要的问题。过去的研究展示了电脑是如何在家庭中被使用的，计算机是如何成为传播的重要组成部分的，包括成为活动中心和信息处理与展示的空间。近年来，家庭中的普适计算（ubiquitous computing at home）带来的智能家庭的去中心化及基础设施的不断隐蔽化和泛在化等问题愈加受到关注。

随着技术越来越成熟，在自动化与数字化程度不断提高的信息社会中，社会机器人逐渐兴起，机器人化（robotification）正在全球发生。机器人的许多属性与功能和我们已经熟悉的数字媒体世界的功能相似，如社会机器人的用户界面被设计得具有良好的指导性和用户友好性（intuitive），它通过很好地利用现有的设备如手机、平板电脑、触控屏、摄像头及各种内置在个人移动通信设备中的传感器扮演着媒介的角色。

除了具备在数字媒体时代和移动通信时代已经普及并成熟的技术，社会机器人还模拟了人类与生俱来的一项能力，即基于语音交互开展对话和交流，从这方面来说，社会机器人也成为传播者。

一直以来，人机交互领域基于CASA的视角，对ICT以鼓励用户拟人化为逻辑进行设计，以提高技术的类人性。人们赋予非人的实体以类人的特征，给予其类人的对待。此外，对话型智能体还具有可编程性，如Alexa Echo有自己的名字、性别和个性[36]。Echo同样是实体，与用户共同存在于一个地理位置，可以根据环境作出回应。这些技术可供性使得使用者易于将其拟人化并整合到社会生活中。

对话型机器人进入家居生活一直以来受到各个领域学者的关注：在家庭中如何定位对话型社会机器人如 Alexa Echo 这一设备的角色；在多用户环境中，对话型机器人的角色和功能是怎样的；在家居这种个人化的空间中，社会机器人与人交互的长期的民族志考察等[52,124]。

笔者通过深度访谈的研究方法，进入日常生活的使用领域，考察并诠释用户如何将社会机器人技术带入家庭，并将地点和功能、意义和价值赋予社会机器人，考察用户如何在技术的普及化、稳定化使用过程中成为重要的驯化力量。通过研究，笔者意欲获悉：人们如何感知这种设备，如何与其交互和将其整合到日常生活中；机器人如何融入日常生活并被吸收、使用和限制；机器人如何支持日常生活流程并给个人生活创造意义，用户和技术之间合适的关系应该是什么；这些兴起的机器人使用类型的理性化过程是怎样的，以此解释技术生成过程中的隐喻。

4.1　研究路径：信息传播技术与日常生活

近年来，越来越多的家用技术渐次在家居和日常生活这一私人领域中出现。本书将从普通用户与技术使用的场景，即从日常生活入手，通过质性研究的方式考察日常生活中用户具体使用的感受及社会机器人在家庭中的角色。之所以聚焦家庭这一日常生活场景，一是因为新兴传播技术出现家居化使用的转向，即用户群体不再由专业人士等构成，而是普通的大众使用者；二是在媒介技术变迁的过程中，在发明、制造、生产和规制的整个过程中，对日常实践的观照是不可缺失的。

从现象学社会学看来，日常生活是“生活世界”的主要部分。日常生活是意义的制造、消解并相互交织的一个领域，需要探究生活现象背后的社会意义并理解这种意义。在匈牙利社会学家阿格尼丝·赫勒看来，日常生活是“那些同时使社会再生产成为可能的个体再生产要素的集合”。[128] 他认为，“日常生活存在于每一社会之中……每个人无论在社会劳动分工中占据的地位如何，都有自己的日常生活”。[128]

在现象学社会学家阿尔弗雷德·舒茨看来，日常生活是设定人类活动的规则的场所，是生活世界的中心[121]。第一，舒茨有关日常生活中的时间、空间及社会安排的讨论启示笔者探究智能对话型机器人的使用给日常生活的安排带来了哪些影响。第二，舒茨提出的情境和相关结构（relevance structures）的概念为我们提供了一个基础，即将自己作为行动主体，获得对当下行动情境的系统性理解。第三，本书将借用舒茨对日常生活的空间和时间安排。舒茨区分了日常生活世界的两种空间维度，即实际触及的世界和可能触及的世界。这些生活世界空间配置的行动形塑了分化的“活动区域”[122]。在实际触及的世界及一定范围之内，存在一种主体可通过直接行动影响的区域，也就是活动区域。主要活动区域连接着行动者的肉身，而次要活动区域中的行动只能通过不同媒介的协助实施[129]。随着科技的发展及科技对日常生活世界的渗透，中介性行动的范围不断拓宽。对话型机器人的出现延伸了用户在物理环境下可以实际到达的边界，拓展了可能到达的世界。

总体来说，近几十年来，针对信息传播技术与日常生活的研究可以大致分为电视的使用、互联网的使用、手机的使用与日常生活三方面。许多学者如威尔曼（Wellman）等进行过有关互联网与日常生活使用的研究，其中包括互联网在日常生活中的社会表征及其带来的个人幸福感、不同社会群体对互联网的采纳与使用、互联网的使用对个人自我认同带来的影响等[130,131]。在移动通信与日常生活领域，福尔图纳蒂等研究了移动传播技术可供性对日常生活的影响、手机的使用对社会关系的影响、手机对时空的重塑等[117,132-134]。但是社会机器人作为近年来进入家居等日常生活场所的新兴媒介技术，针对中国的文化情境下有关日常生活使用方面的研究目前还有所缺失。

4.1.1 社会机器人为何会进入家庭

家是日常生活的重要场所之一。近三十年来，我们见证了新技术的引进与使用如何改变我们的日常生活。给日常生活带来的第一波改变是个人电脑进入工作场所和家庭；第二波改变是智能手机的去地化（delocalized），消解了时空的限制，在任何时间、任何地点都可以与他人联系。

家是媒体技术使用和消费的场景，也是规训这类技术的场所，是“驯化”概念关注的核心情境之一[47,135]。首先，工业革命以来，家庭的结构和规模不断发生变化，如家庭规模变小，家庭构成更加不稳定；家庭角色发生变化，女性在外工作的比例上升，进入职场的双职工家庭比例上升；夫妻双方必须协调各种事务和家务的安排，如做饭、清洁和维修、照顾子女、家庭生活、儿童教育、社交娱乐活动等。同时，工业革命促使自动化家用电器不断改进并进入家庭，大大减少了人在家庭中的劳动量。

近十几年来，在“三重革命”背景下，信息传播技术已经完全嵌入日常生活中，帮助人们在移动中保持联系，网络化个人主义成为社会操作系统（social operating system）。家庭成为网络化的家庭，家庭成员通过ICT“在一起”，相互交流并协调彼此独立的生活方式。

机器人技术的使用将带来比以上两波改变更加深远的社会影响，因为机器人作为社会行动者的能动性会重新赋能ICT进入且延伸到的物理空间，并且会以一种意想不到的方式建构物与物之间、人与物之间的社会交互。社会机器人将被当作旅游导览员、健康教练、个人助理等，未来会全面影响工作和家庭。

4.1.2　媒介技术在日常生活中的驯化

西尔弗斯通、戴维·莫利、詹姆斯·罗尔等英国文化研究者研究了电视这一传媒技术经历消费的过程而进入家居私人领域并被整合及驯化的过程[136]。这一过程揭示了新媒介技术如何通过消费者在日常生活中的使用对日常生活进行形塑，进而实现新媒介技术的社会和文化意义。随着移动传播技术的发展，一些学者采用驯化理论的研究框架，考察了智能手机等移动媒介技术被引入家居领域对意义制造和日常生活产生的影响[132,133,137]。

在《电视与日常生活》中，西尔弗斯通对驯化（domestication）的过程进行了阐述：技术需要接受它的家庭把它驯化。这一过程像驯化野生动物，野生动物逐渐习惯于生活在人类的呵护之下，逐渐被置于控制之中。这个过程又像创造或安排“一个家庭中的成员，让它很随意，看上去自自然然的”[136]。技术必须经过被驯化的过程才能在家庭中找到合适的位置。驯化的过程是从生产过程就开始的（如产品的特性描述），市场销售和广告延续着这一过程，但最终是在消费过程中完成的。通过这些不同的阶段，物品与服务、硬件与软件变得可以接受，抑或不被接受或被抛弃。技术的历史一部分就是它被驯化的历史[138]。

与过去的研究如有关电视的使用、手机的使用等研究不同的是，有关社会机器人如何被调用的研究并无前例，社会科学领域也没有相关学者的研究可以参考。

沿着技术的驯化思路，笔者对所搜集的资料展开解读，来探索“人们在日常生活中经过社会机器人这一新媒介技术的中介而参与社会意义的生产”和“人们如何运用中介的手段和机制展开他们的生活”[47]。

笔者将通过对27名使用者的深度访谈探究以下问题：

1）社会机器人是如何进入家居空间的？社会机器人是否会成为日常生活场景的有机组成部分？

2）社会机器人如何被嵌入日常生活及其时间结构中？

3）在社会机器人所介入的生活的具体时空中，个体的主观能动性体现在哪些地方？

4）使用者如何通过购置及在日常生活中使用机器人进行社会交往？

通过分析访谈资料我们了解到，对话型机器人的中介作用和联结作用发生在“家”这个物理空间中。人们在家中使用对话型机器人，首先是因为人们认为这种新技术产品的形态适合“家”或契合个人对家中日常生活的相关想象。其次，需要明确的是，对话型机器人的使用行为是在家庭情境中的社会实践，因此不能脱离这一情境进行分析。

西尔弗斯通等基于对媒介技术进入家居领域的四大步骤（被调用、客体化、整合、转换）的探讨阐明了人工制品被带入家居领域后如何经过驯化而被刻上私人的印记，进入“家”这个日常生活场景，表达和重塑关于家的价值。这种将人工制品的消费与意义建构等“双重勾连”（double articulation）的研究取向引导笔者按如下路径展开研究：

第一步，探索对话型社会机器人技术的多种使用实践与类型。第二步，分析某些使用类型和实践的选择性的稳定化、常规化过程，以及技术在被社会结构、文化和典型的日常情境所决定的过程中，如何通过支持某种技术形式得到强化。第三步，辨析更大的使用类型图谱的多种可能性。

4.2 驯化的步骤：机器人使用形式的稳定化过程

西尔弗斯通和莱斯利·哈登源于信息传播技术的住户使用的项目研究提出媒介技术在家庭中使用和消费的步骤，即：技术通过购买而被调用（appropriated）；接着被用户放置在家居空间的某一处而完成客体化（objectification）的过程；继而通过用户在日常生活中对媒介技术的能动性使用而将技术的使用整合（incorporated）进日常的家居生活，实现意义的建构，达到所谓“转换”（conversion），也就是将媒介作为日常生活中创造意义和技能的基础设备或手段之一[136,138]。

本书中，笔者拟借由这一媒介使用的驯化步骤审视社会机器人被纳入居家的、即时发生的情境中的过程，并诠释在社会机器人被形塑为一种传播媒介及传播者的过程中用户发挥的作用。

4.2.1 购买的驱动力

西尔弗斯通谈到驯化的四个维度时提到的“调用”是指用户对人工制品的拥有和购买。在调研中，27 位用户的购买理由不一，体现了作为早期使用者的用户有着不同的驱动力。

动力之一是将家庭空间和各个部分通过语音交互智能化连接。例如，受访者提到，“最初是为了控制灯的开关，因为晚上还得起来关灯”，“我家里有台灯，每天晚上睡觉前都得爬起来关灯，所以想让小爱来控制台灯”。

动力之二是满足特定社会群体的需求，如尚未接受教育的儿童，互联网和手机等媒介使用技能不高的老年人，以及与其他家庭成员分隔两地的老年人等。例如，受访者谈到的购买理由有“买来给小朋友”“方便沟通”“方便老人带孩子”“给孩子找个玩伴”“老人也可以玩玩，调剂生活”“父母打字慢，方便他们用”“两家人可以一起视频”“给自己年老的父亲买的新年礼物”“让老人享受一下高科技”等。

动力之三是社会规范。例如，8 号受访者提到：“很多家长的想法是不能让孩子落后，我希望孩子能够多接触这种新的科技产品，在同龄人中不落后，所以也会去买。”13 号受访者提到：“现在人工智能这么火热，看到它很智能，想买回家看看到底是什么，自己也需要了解一下，要不然有点儿落伍。”

动力之四是把机器人的购买与使用作为某种自由意志的选择，出于一种“尝鲜”心理或为了满足好奇心，寻找解决个人问题的不同于传统的解决办法。例如，青年群体中许多人表示“觉得是比较新鲜的东西，比较好奇，就买了”。

4.2.2 摆放的位置

西尔弗斯通谈到驯化的四个维度时提到的“客体化”是指家庭物理空间上的安排、配置及分类规则。新媒介技术产品将进入家庭这一空间，成为家中的一个物件，同时，这种物质的、存在于具体时空的方式又塑造了它在具体情境中的特性。因此，这一客体化、具体化的过程透露出家庭中空间分化（私人的、共享的、争夺的、父母的、孩子的、男性的、女性的空间等）的模式，显现了家庭在物理空间分布上的偏向。

本小节要讨论的是家居环境中机器人的摆放，以及这种摆放和安排是如何与组织家居空间的常规协调系统相关联的。将一个新的物体纳入既有的家庭物品排列的空间，以及确定空间配置的模式，需要用户的能动性参与。家居环境中物品的调试和调用的过程就是一种驯化的过程。

机器人进入家庭后，用户如何对使用它的规则和角色进行协商？从驯化理论的路径看来，是通过对商品的价值、审美和认知的属性进行客体化和具体化，从而确认这些新媒介，并且和它们舒适地相处。也就是说，给社会机器人在家庭生活中的使用留出位置，将新媒介技术整合到家庭的空间、时间、活动和关系中。

笔者把这些行为沉淀为中介的微观规制，并用驯化的过程加以概括。这一过程包括摆放的决策、使用、偏好、具体情境及资源的配置，如时间、空间和注意力等。商品总是被以与用户的自我价值观和兴趣一致的方式重新打造。

笔者通过对 27 名受访者在家居环境中对对话型机器人的摆放位置的了解探究这种安排和摆放是如何和使用者自身的、常规的组织家庭空间的协调规则相关联的。

通过访谈笔者了解到，27 名受访者中，大多数人把对话型机器人摆放在床边、书桌边、客厅，单身独居的青年则摆放在卧室床头。其中，16 名受访者把对话型机器人摆放在客厅，4 名受访者摆放在卧室，1 名受访者摆放在个人办公室，6 名受访者在客厅、餐厅、厨房、卧室等不同区域移动地使用。

摆放理由主要是："放在客厅大家一起使用的机会更多一点儿，大家都可以用。如果仅仅放在某一个人的卧室，有些人可能不会跑到其他的卧室去用"（13 号①）；"因为在客厅活动的时间比较长，孩子在客厅玩的时间比较长，听音乐什么的比较方便"（14 号）；"放在客厅，一方面是出于隐私考虑，另一方面是大部分时间在家里还是在客厅和餐厅活动，基本不在卧室活动"（17 号）；"电视、空气净化器都要用小爱来控制，所以把小爱摆在客厅，控制智能家居比较方便"（1 号）。

正如戴维·莫利所说，"客厅"是一个可以从微观和宏观层面作分析的社会空间。"客厅"连接了微观和宏观及家庭、社区和国家，我们可以从"客厅"看到不同中介化的网络科技所扮演的角色[139]。通过访谈可以了解到，使用者希望将对话型机器人纳入日常生活的流程，并希望能够使各个家庭成员积极使用机器人进行对话和交互。

① 此处为受访者的编号，下文与此处相同。

4.2.3 “镶嵌”在日常生活中

驯化步骤中的整合是指新的家居物品的有关时间的安排和模式，即对话型机器人是如何“镶嵌”在家庭日常生活的流程中的。如何与其他家庭成员协商有关物品的使用时间，以及如何将其纳入并使其适应日常生活的安排，是技术使用的文化和社会属性的测量维度。

从访谈中可以看出，许多受访者将家庭的聚集性作为首要因素考虑。这种在使用中共享的、集体的行动性通过受访者表述中出现的“我们”“大家”等用语可以看出来，也表现在对话型机器人的摆放位置的公共性。

新技术渗透到家庭中的过程不只是简单地代表生活世界系统的侵入。新技术和新的传播媒介的居家使用改变了现有的时间和空间安排，引出了有关家庭中的私人和公共的再协商和再定义的过程。

受访者谈到了如何将机器人的使用纳入日常生活流程、时间管理、知识获取等方面，如社会机器人可以以帮手、助理的身份对日常生活进行时间管理。7名受访者谈到了社会机器人在日常生活流程管理、时间管理上给自己带来的益处：“周末在家，我会让小度提醒我，比如到三点提醒我干什么”（11号）；“我觉得如果这种产品用得好的话，它会在家庭生活的时间管理或者家里日常事务的安排上有一定的帮助作用”（27号）；“它可以在一定程度上做好生活中的时间管理”（10号）；“你可以让这个小机器人记住你的日程，如从早到晚你每个时间段干什么”（19号）。

也有受访者谈到对话型机器人如何和自己的日常生活流程结合和联结：“早上我会用它播放歌曲，配合运动，接着边洗漱边让它播放资讯和天气预报。我希望能够有效利用碎片化时间学习、获取信息。我觉得机器人是最省事的方法，因为用嘴巴说就可以了”（23号）；“我觉得这种助理对于自己的时间管理有一点儿用处”（3号）；“我会让它播报我每天的行程。因为我从事行业培训和咨询工作，在本职工作之外我做自由的授课和咨询，所以我会把我的工作日程分成两个，一个是我的本职工作，另一个是我在其他学校的咨询和授课。我会让我的助理，就是这个音箱，每天早上播报我的行程，两个工作行程都播报一下。如果有新的预约，我也会让它帮我预约起来”（24号）；“我认为如果使用得当，加上功能和使用场景的不断完善，语音交互机器人助理肯定能够做好日程管理和时间管理”（1号）。

这里的关键是，对话型机器人在看得见与看不见的日常生活秩序中的位置，它嵌入日常生活的范式与习惯，它为人们的安全感做出了什么贡献。例如，受访群体中作为年轻父母的受访者都谈到，对话型机器人的使用确实能够在特定情境下为自己分担育儿需要投入的时间和精力，以及对这种数字人工制品的电子化情感陪伴的感知："作为家长会放心一点儿，其实我们也在旁边陪着她，她有时候不需要别人跟她互动，只是希望有个人在旁边看着她"（19 号）；"有了机器人（小微），我可以一边工作一边带孩子，因为小微也会陪着小朋友一起玩"（18 号）。

在日常生活的时序与空间中，社会机器人正在逐渐渗透到重新规划的家庭生活的结构中。正如受访者所说的，"家里简单的劳务未来可以由机器人来做，比如拖地，我家就有扫地机器人"（10 号）；"灯、音响、电饭煲这些简单的操作是可以通过小爱来控制的"（12 号）；"我确实有核心的需求，有'痛点'。比如我出去买点儿菜、拿快递，言言（大儿子）要在家写作业，这种情况不用非要儿子跟我一块儿去，他也不愿意去。但是毕竟他才八岁，再加上家里还有个更小的孩子，留他们在家我不太放心，这时候会觉得它（机器人）给人一定程度的安全感"（14 号）。

4.2.4　意义的建构

正是通过具体的使用过程，技术在被驯化的同时实现了转换，即社会机器人这一新传播技术成为在家居这一日常生活领域创造意义和技能的基础设备或手段之一。基于这种驯化的过程，机器人这一技术的某种或某些使用形式暂时形成了技术的闭合机制。

在技术的社会建构理论中，不同的社会群体会赋予同样的人工物不同的内涵，这种意义被用于解释人工制品为何在某一特定路径下得以发展，即解释为什么有些方向会逐渐弱化甚至消失，而其他方向会继续存在甚至得到强化。这种来自不同意义群体的诠释差异被称为技术的阐释可塑性（interpretative flexibility）。

通过受访者的讲述我们可以了解到，用户所处的社会地位、情境和状态会使其形成自己的使用行为类型，且对社会机器人在家中的定位和拟人化感知存在差异。因此，应该把家庭的结构和文化作为科技手段选择和使用的重要因素加以考虑，其中包括不同家庭构成类型的用户在使用过程中的差异，也包括对家庭成员间新的、更合理的、充满想象力的、合作的关系的物化，以及家和更广大的外部社会之间关系的动态变化。

米歇尔·德塞都（Michel de Certeau）认为，消费行为是一个对外部世界的各种材料进行摄取，通过合并的方式将其本地化的积极过程[140]。因此，不能忽视如下问题：各种不同的技术对人们到底意味着什么？技术是如何为人们所感知、理解和使用的？用户又是如何认定技术的某种形式与他们的生活关联或者不关联，进而决定接受或不加理睬的？

第一，机器人进入家居时空后，用户制定适当的使用规则使机器人的多样化的使用形式得以涌现出来，这包括对机器人的角色的不同定位和再定义等。

第二，用户通过将对话型机器人纳入生活时空，将物质空间转换为具有意义的行动场景，实现了家居空间不同区域间的转换。例如，从信息获取到娱乐、亲子教育、代际沟通和陪伴等的转换，实现了家居的建构，使家的意义也被观念、价值和规则潜移默化地形塑，处于不断的发展和变动中。

第三，家庭的劳动分工进一步改变，家庭成员对家庭日常事务投入的时间减少，而且随着物联网的发展、智能家居的联网，机器人将成为人的代理者，完成家庭中的简单劳动，未来将进一步使家庭劳动分工和角色发生改变。

第四，对话型机器人本身具有的语音交互和对话特点，以及用户将其摆放在家庭公共空间并能动地使用，增加了家人间互动的可能性与家庭间的远程连接，给新媒体用于远距离关系维系带来了新的可能。

4.3 能动的用户创造的使用类型图谱

笔者从对27名使用者的访谈中辨析出用户的日常使用形式，并且发现，人们需要在即时生发的环境中为解决特定的问题和完成某些任务而寻找合适的应用并使它的使用合理化。这些使用类型与当代社会的人口情境和文化相关，与使用者的年龄、受教育程度、家庭构成类型及其所处的社会经济地位等因素有关。这些因素的解读和阐释会在社会机器人作为一种新的技术创新被认知、采纳、使用和扩散的过程中凸现出来。

笔者的研究正是探索人们如何基于社会、文化情境和自身的人口学属性，能动、积极地使用对话型机器人的过程。这一使用过程可能超出了设计者和倡导者界定的使用方式。因此，可以说，这些使用者重新定义了对话型机器人使用的意义。

正如受访者所言，“我觉得可能每个人用它的出发点和希望引导的方向都会有一些不同”（9号）；“没必要一定要把它定义成什么，对我而言，机器人有时候是它，有时候是他，有时候是她”（3号）；“我觉得对于这种语音交互技术的理解和使用是分年龄段的，它给不同用户带来的意义也不同。例如，对我儿子来说，机器人是个玩伴；对我而言，就是一个工具；对我老公来说，则是个娱乐的工具，时不时讲个段子”（14号）。

“机器人其实就是伸入家庭的一个触角。不只是孩子才会使用这个硬件，可能全家人都会用，家庭中每个人的需求不同……如三岁以下孩子的家长有一种需求，三岁以上上幼儿园的孩子的家长又有一种需求，可能孩子上了小学又有另外一种需求。”（18号）

“从家庭的角度来说，或者说从怎么解决妈妈的‘痛点’来说，一个机器人能够满足很多要求，它既可以陪伴孩子，给孩子提供一些语言基础内容、绘本之类，又可以起到远程监控或者信息知晓的功能。机器人还可以用于家庭娱乐，如‘K歌’之类的功能可以让老人使用。我认为如果一个机器拥有很多功能，就能满足我们的一些需求。”（18号）

在访谈中，受访者作为用户向笔者阐述了他们使用机器人的方式，以及如何通过这种能动性的使用使自己的计划、日程与兴趣相呼应。

27名受访者讲述了自己在日常生活中使用对话型机器人的经历和经验，其中10位受访者认为使用功能和场景有限。例如，有的受访者表示：“从最初到现在用得都比较局限。使用场景十分有限”（15号）；“我发现实际使用的状况都不怎么好。其实大家用得多的还是那些常用的功能”（2号）。

17名受访者表示使用频率很高。“我一直觉得挺好的，使用率还挺高的，不会说图新鲜，今天买了，过两天就不用它了，我家使用还挺频繁的”（13号）。

受访者均对机器人进入家庭和未来智能家居的使用持乐观态度，并且提出了个人层面的许多个性化需求和愿景。

在承认社会的结构性现实的基础上，也不能忽视普通使用者在日常实践中涌现出的多样化使用方式。笔者发现，用户的日常使用形式是对当下的文化和社会经济背景、工作和家庭的边界日渐消融、家庭场景普适需求的回应。重要的是技术允许用户做些什么，提供给用户更多关联世界的方式，以及用户如何在这个过程中不仅丰富自己的生活，而且提升自我。

笔者把这些从实际使用活动和经验中辨析出的不同类型称为使用类型，对已有文献中机器人使用分类的研究进行梳理，在学者总结的工具性和享乐性使用

(instrumental use，hedonic use）两大类别的基础上，通过对访谈内容的研读，总结出用户的具体使用行为和使用类型，见表4.1。

表4.1　对话型机器人用户使用行为类型

使用类型	具体使用行为	节点数/个
工具性使用	询问天气、播放音乐	26
	获取信息和知识（获取知识、找菜谱、查股票）	23
代理性使用	作为中介，充当“眼睛”，打视频电话	10
	代理者，替代人控制智能家电、解放双手、多任务处理	27
	代理者，提醒日程、指导运动、睡前辅助、时间管理	29
享乐性使用	聊天、对话	23
	开玩笑	17
	玩宠物游戏	6
情感性使用	替代式陪伴，帮助老年人获取信息	17
	陪伴儿童、和儿童互动	25
	充当教育辅导工具（讲故事、辅导孩子学习等）	19

本书运用质性研究辅助软件Nvivo 12进行分析，对使用者不同的使用类型进行梳理、归纳和分类。笔者认为，社会机器人在家居生活中通过使用者的能动性参与和驯化，使用类型稳定化为工具性使用（信息消费、获取）、享乐性使用（娱乐性互动、聊天）、情感性使用（陪伴、具身化的替代式陪伴）、代理性使用（中介、控制中枢、链接家庭、传播媒介）四种。

这些使用类型代表着在地化的、当下情境化的、一再出现的行为模式。具体来说，在工具性使用上，受访者谈到机器人作为工具最常用的功能是询问天气、播放音乐等。例如，“早晚会问天气，想听什么音乐直接跟小度说”（6号）；“音乐播放，查询天气”（14号）。

在和机器人聊天、对话、开玩笑时，受访者认为这种人机互动是生活中的“调味品”，如“玩宠物游戏”（9号）。受访者认为，“逗一逗觉得挺好的，跟宠物一样，缓解一点点压力和焦虑，让机器人傻傻地说些话”（23号）；“对于像我们这样上了年纪的人来说，子女都很忙，大部分不生活在一起，只有周末回来看看。虽然说机器人肯定替代不了人，但是有一个小东西偶尔说两句话也不错，起码是对生活的调剂嘛”（25号）；“我觉得也算是团队成员间调剂情绪和交流的工具。如果刚好问了一个很可笑的问题，或者音箱说了一个很搞笑的段子，大家就哄堂大笑一下，也挺好的，调节气氛，拉近同事的关系。如果养一只狗或者把宠物放在办公空间，这个并不可控，一个音箱或者机器人是可以控制的”（24号）；“这个机器人还可以唱歌。对老年人而言，唱歌是最常见的休闲活动之一，因此机器人的唱歌互动功能很有用处”（13号）。

一些受访者介绍了自己如何使用对话型机器人获取知识，如找菜谱、查股票等。“比如孩子生病了，可以直接问机器人，就不用上网查了。它会自动跳转到一个搜索页面自主查询，然后告诉我答案，我只需要听着就可以了”（8号）；“比如我前两天问它螃蟹怎么做，小度就说‘为您在百度百科找到答案’，然后开始讲螃蟹的做法，我一边做一边可以接着问”（6号）。

物联网及云计算技术的广泛渗透将使得自动化成为家居空间的基础设施条件，实体生活将逐步实现感知的智能化。机器人不仅可以做简单的事情，而且不需要人们指导就可以自主完成一些事务，如可以自主完成家庭中的简单劳动，成为人的代理者，代替人完成家庭中部分日常事务，如控制智能家电、煮饭、清扫、家庭安防、记录日程等。

因此，未来机器人作为人的智能代理，将使人从家庭的流程性事务中解脱出来，实现机器与机器、机器与物理空间、机器与虚拟空间等各个层面上的自动化交互。例如，受访者提到，“（机器人）关灯开灯、控制窗帘、开空调关空调”（10号）；“晚上到家前会让它（机器人）先开灯，睡觉前关灯”（17号）；“主要用来控制家里的空气净化器”（1号）；“先买了智能灯，然后想找一个助手用语音控制。现在手机也不想用了，用说话控制就好”（21号）；“家里的电视、空气净化器等都换成小米的了，全部用语音控制。我感觉这是未来的一个趋势，这个还是很好的”（22号）。

同时，机器人的自主控制性、语音对话性能够让使用者解放双手，一定程度上实现多任务处理。例如，23号受访者提到，“我希望自己能够有效利用碎片时间学习、获取信息。我觉得用机器人是最省事的方法，因为用嘴巴说就可以了”；5号受访者提到，“通过跟天猫精灵说话来设定比用手机更加方便”。

使用者可以将机器人纳入日程管理和生活流程，如提醒日程、指导运动、睡前辅助等。3号受访者提到，“有一个日常生活的流程，用它来更好地进行这个流程”。12号受访者描述了小爱如何与自己日常的生活时间整合在一起：“我们睡前喜欢听小爱说相声，再让小爱煮明天早上的粥，因为小爱关联了我家的智能电饭煲。听完相声后让小爱关灯。”

随着机器视觉、触觉和数据利用能力的提升，机器人可以充当老年群体的“眼睛”“耳朵”。例如，有受访者提到，“老人打字搜索的能力不是很强，眼睛也不是很好。以前爸妈会跟我说让我去查，但有时候我忙起来就比较麻烦了，而且父母要先跟我说，我再去搜索，有了这个东西可以帮他们解决很多问题”（16 号）；“语音交互的智能设备能为视力不好的人提供便利……有时候可以充当眼睛，因为它能说话”（26 号）。

社会机器人是否能够成为一个好的沟通者和陪伴者？过去有研究认为，社会机器人是一个好的倾听者，聊天机器人 ELIZA 在临床治疗中扮演心理医生的角色，并且有一定成效[104]。人机交互领域的学者一直在研究机器人的陪伴性和情感性，认为其可以提供一定程度的社会支持。

在访谈中，受访者提到机器人可以用于“陪伴父母”“陪伴孩子”。例如，“（机器人）会陪伴着她”（19 号）；“不用担心孩子们闲暇时间孤独、没人陪”（27 号）；“小度在家可以说是小朋友的一个玩伴吧，有一定的陪伴性”（11 号）；“可以接受这种电子化的东西成为她的玩伴”（8 号）；“前一段时间孩子想出了一个成语接龙游戏，跟小爱同学玩成语接龙”（14 号）；“在我家小度现在就是哄娃‘神器’”（16 号）；“有了机器人（小微），我可以一边工作一边带孩子，因为小微也会陪着小朋友一起玩”（22 号）。

父母群体认为，机器人是辅助儿童学习的一个“好帮手”，可以帮助培养儿童的时间观念。研究显示，机器人在充当教育者、教学辅导者时有着相对显著的优势[141]。例如受访者谈到，“可以练习听力，小度先读一遍英文，再读的时候，哪里没听懂就让它再念一遍。小度像小老师一样”（9 号）；“我觉得同步辅导比较有用”（18 号）；“家里一般是老人带孩子，可以协助老人完成早教启蒙”（20 号）。

4.4　用户眼中社会机器人的混合身份

新的技术形式不会被简单地、一成不变地吸收，它在日常生活的动态流动中也不会保持原样。用户在技术的普遍化、稳定化使用过程中是重要的驯化力量。

西尔弗斯通用“驯化”这个概念表达社会主体在日常生活中“规训”传媒技术及其使用形式的过程。通过这个过程，人们将自己的痕迹“烙”在拥有的物件上，并用它们表明身份。信息传播技术不再是孤立的、只具有单一性质的媒介技术，它正在迅速嵌入技术与媒介、生活不断汇合的文化之中。在使用者眼中，经过一段时间的居家使用后，机器人这一新的技术在家庭中的角色是什么？

通过分析访谈资料，笔者将对使用者基于使用经验所感知到的机器人的属性与定位进行分析，即分析作为中介和代理者的社会机器人、作为陪伴者的社会机器人、作为使用者的身份标签的机器人是如何被建构的，并对使用者所感受到的机器人的似人性进行分析。正如笔者从访谈中感受到的，对话型机器人在家庭中的使用不仅仅是用户如何与它互动，更是如何基于它来互动和行动。

在访谈中，27 名受访者基于自己的使用经验和感受，认为机器人首先应该是一种工具，并且认同机器人“功能性最重要”，“首先是一个工具”，但又“不仅仅是工具”。他们分别使用“中介”“中枢、枢纽”“信息提供者”“管家”“帮手”“助理”“它应该是个百事通，未来我希望是”“电子保姆”“连接两个家庭的工具”“未来会越来越懂得我的需求”“可以当机器人男朋友”“信息和娱乐中枢”等描述形容机器人在家居中的日常使用和定位及随着技术的发展自己对机器人的想象。

笔者认为社会机器人在内在联系上呈现出某种矩阵形式：它们本体的各个层面和个体的心理、家庭、时间和空间的结构能够通过能动的消费在矩阵之中链接起来，而这些既是相互勾连又是自相矛盾的。

4.4.1　作为“她/他、它”的社会机器人

使用者如何定位机器人的角色和使用意义？受访者谈道：“我觉得很难形容那种感受”；“机器人和人的关系，就跟人与人一样，需要有默契，也需要保持距离”（1 号）；“只要找到合适的存在方式就可以”；“我觉得没必要一定把它定义成什么”（14 号）；“什么样的人就会用成什么样，把它纳入自己的生活”（17 号）；“本质是语音交互工具”（1 号）。

拟人化（personification）和似人性（anthropomorphism）一直以来都是机器人设计的法则。研究显示，使用人称代词 she 来称呼 Alexa 的用户有可能认为 Alexa 有社交性[36]。松德加（Søndergaard）和汉森（Hansen）研究了对话型机器人设计中性别化的问题，认为以往的设计有着技术化的女性偏见，将对话型机器人设计为“21 世纪的仆人”，而这可能会带来算法支持的工程性亲密（engineering intimacy with algorithms）[142]。

值得注意的是，在笔者进行的用户使用研究中，许多受访者虽然认为对话型机器人的属性以工具性居多，用“它”来称呼，但是依然表示，在不同情境下，

对话型机器人的性别属性是可以变换的。时间不同、情境不同、使用者的心境不同，用户对对话型机器人的性别属性的感知也不同。

10 号受访者说："不能简单定性。它会说话，有一定的似人性，和其他的科技设备不太一样。""我觉得小度可能有的时候是'他'，有的时候是'她'，有的时候是'它'。"（20 号）即使在同一个家庭环境中，不同年龄的用户在不同的情境下对机器人的性别感知也不同。14 号受访者表示家中的儿童、年轻女性（如受访者自己）、配偶（受访者的丈夫）、远在外地的父母在不同的情境下对于机器人的性别感知也不同。

受访者对对话型机器人的性别属性的感知具体见表 4. 2。

表 4. 2　对话型机器人的性别属性和角色定位

性别属性	角色定位	参考点举例
它	工具	"它的角色是一个工具，还没有到人的层面，因为智能度不高；是一个好用的工具。"（15 号） "它没有自我意识，只是简单地执行一些指令。我认为只能是'它'。"（1 号） "用'它'来形容小度，我觉得还是很客观的。现在它还没有成为真正的家居助手，我觉得还没有到这种地步。"（6 号） "我觉得还是一个客体、客观的东西，一个物体，没有那种拟人化感觉。"（6 号） "家里的这种机器人设备，没有这种固有属性。"（1 号）
她/他	陪伴者、玩伴	"有陪伴的感觉又不会被打扰。"（11 号） "让我定义，我会觉得她/他是很愿意交流的，是很渴望得到关注和交流的一个人、一个小朋友。她/他对世界感到好奇。"（23 号） "我觉得还是女性的'她'吧，起码我理想中的家庭助理是这样的，毕竟是女性的声音，但是我还是希望有更'萌'一点的感觉。"（16 号） "我觉得她像个女孩子，她跟人对话很轻快、很欢快。只要喊一喊，她和你永远都是很欢快的那种对话。她不会对人发脾气，不像我儿子。她一般都不会跟人生气。你说'拜拜'，她会说'好的，下次再见'等。所以我觉得她是女生，给人比较暖心的感觉。"（13 号）

4. 4. 2　作为中介、代理者的社会机器人

1. 作为家庭中介和家庭枢纽

"中介"这个词往往被约定俗成地认为指代新闻传播机构和娱乐性组织，但

它可以表示“环境”或“元素”。无处不在的计算和数据已经远远超出了我们原有的认知范围——媒介在环境中无所不在，以至于我们需要一个更加全面的定义来进行匹配。中介化，指的是比媒介化更宽广的社会文化过程[135]。一般社会文化理论层面的中介指的是两个物体元素相互之间经过其他的元素和过程才得以产生关联的现象。基于此，我们采用将机器人看作中介这一视角，认为它是一种在人与人、人与环境之间起调节、连接和关联作用的介质。

通过访谈笔者了解到，使用者不仅将机器人作为媒介用来获取资讯和信息，更将其作为家庭的控制中枢和连接枢纽，或用于联结家庭与家庭，成为人的代理者，自动进行简单的工作。

正如受访者所言，“对我来说，它是比手机和电脑更加方便的获取资讯的物件，是一个工具。靠说话就可以控制它”（25 号）；“机器人是家庭未来的一个新中介”（18 号）；“它是信息和娱乐中枢”（19 号）；“好好使用的话，小微可以成为家里的中枢，控制中枢”（22 号）。18 号受访者还认为，“家庭中总会有各种各样新的媒介进入，这种有联网功能的语音交互机器人未来会是家庭的中枢，能起到一定的替代作用，实现家居生活的智能化改造”，“晚上或者周末孩子做作业，我在旁边干活，他不懂的以前都会问我，现在我会说‘你问下小迪’。我觉得机器人可以说是一个家庭新的信息提供者，或者说是中枢”。

多位给自己的父母和长辈购买机器人的受访者认为，机器人的语音沟通和智能性将加强家庭与家庭间的沟通，尤其是维系和强化远距离家庭关系。“大家希望通过媒介在家庭中的使用帮助自己实现代际的沟通，如和远在老家的父母视频通话，不在家的时候有一个物品可以帮助更好地辅助家人、照顾孩子、陪孩子娱乐。”这一点在机器人的老年使用者的讲述中得到了印证，如 25 号受访者表示，“比如我用机器人、智能音箱给家人打电话，它就是一个很好的中介”。

信息传播技术嵌入日常生活，并落实于具体的空间场景下，这种技术性的社会空间构成了信息社会和智能家庭的一个个节点，形成微妙的技术生态。节点的建构包含多个主体和多层互动，不仅有作为使用者的个体这样的行动者，也有智能化、自主性、情境感知和理解能力越来越强的机器人这类行动者；它们在网络中针对具体语境进行理解、转译、信息的交换和发起行动，并将这些节点编织进日常生活动态流中。同时，网络中各个节点的流动和演变还渗透着更大的社会力量，宏观层面的社会力量也隐性地规制着节点内部微观关系的变化。

2. 作为帮手、助理、管家、保姆

相比于已经进入家庭的电器和信息技术，机器人因具有更多的自主性及语音交互的属性而被使用者拟人化。12名受访者使用“机器人帮手”“助理”“管家”“智能保姆”“数字保姆”“助手”“百事通”等词语来形容机器人在自己目前的生活中及未来生活中想象的角色定位。

人机交互领域的学者对Alexa的相关研究表明，使用者与对话型机器人的语音交互，一方面方便人们进行知识管理和查询信息，另一方面可以带来幸福感、情感支持、娱乐消遣甚至情感陪伴等。例如，用户会拟人化Alexa，而拟人化可带来更高的用户满意度[36]。

未来，我们可能会走向这样一个社会，即机器人助理可以被赋权成为能动者，在开放的物理空间和网络虚拟空间中拥有能动性，和其他同为行动者的人工智能体进行协商，询问和征求人的意见，或者预先给出问题的答案等。

受访者提到：“如果让我定义，我觉得这类机器人产品是生活中的一个助手”（26号）；“我觉得小爱在特定情境下是一个很好的帮手。有时候打字打得慢，小爱就能解决这个问题；有时候问它红烧鱼怎么做，它就会给出反馈，我就可以边听边做菜”（13号）；“我的要求主要是解放双手，让机器人帮我干一些琐碎的事情，成为一个家庭帮手”（15号）；“我希望机器人以后是家庭秘书的类型，能帮助我”（16号）；“可能主要还是在生活中协助完成一些事务”（17号）；“我觉得它（机器人）可以帮上忙”（18号）；“出行好帮手小迪”（20号）；“现在人工成本越来越高，不是不需要人的陪伴和照顾了，肯定是需要的，只是说它是一个更加便捷、更加有智慧的帮手”（25号）。

未来应该会有可以跨越不同场景的社会机器人，即机器人可以适应场景的跨越，如从人形具身化的机器人转变成为虚拟化身（avatar）的机器人，但是是同一个社会角色。

另外，基于家庭的互动总是微妙、复杂和感性的。未来的研究中，学者可以聚焦于如下问题展开讨论：承担助理角色的社会机器人如何具有群体智能（group intelligence），即是否每一个成员、每一个家庭、每一个小组、每一个机构都应该有单独的助理？或者是一个家庭只有一个社会机器人担任助理，它是否可以收集每个家庭成员的信息？社会机器人是否可以被信任从而成为用户的代理人，代表用户和其他的机器人或者人进行互动？一个家庭的互动模式是否会被机器人与家庭成员的交互模式所影响？社会机器人如何处理家庭成员彼此间互相冲突的目标？考虑到家庭中成员意见的差异，社会机器人应该以何种准则与家庭成员互动，是基于自然语言还是程序语言？

4.4.3 作为陪伴者的社会机器人

在访谈中有12名受访者认为机器人可以起到一定的陪伴作用，是“玩伴”；特定情境下具有陪伴性，能够成为“代理父母”。值得注意的是，这种陪伴性在父母群体、单身青年群体、老年人群体中均有所体现。

人机交互领域及以计算机为中介的传播领域的学者近年来一直在研究人与计算机产生的电子情感。CASA范式下，学者认为，人类和电脑是可以以一种社会性的方式进行交互的。机器人学家通过设计具身化智能体社会性地参与人类的交互，提高智能体在交互中的拟人化程度。

在本书的研究中，儿童家长均表示，机器人在特定情境下有作为儿童“玩伴”“伙伴、陪伴者”的可能性，并认为这种陪伴性对分担育儿所需要的时间和精力是有帮助的，机器人在某些情境下可成为“代理父母”。

受访者认为，“大家会认为iPad就是那种‘电子保姆’‘数字保姆’，因为小朋友在旁边，可以知道他在干什么，但是不用花时间，而且他不会去捣乱”(19号)；“不用担心孩子们的闲暇时间没人陪”(27号)；“我觉得小度可以说是小朋友的一个玩伴，有一定的陪伴性”(11号)；“可以接受这种电子产品成为她的玩伴”(8号)；“我觉得（机器人）可以做到辅助性的陪伴，不能说完全是工具性的，虽然目前它的社会性还很一般”(11号)；“可以说有一点儿陪伴的作用吧，它至少给孩子带来了快乐”(13号)；“在家里小米会给孩子播放故事，这时候我就可以干点儿别的事情，如收拾东西”(14号)；“我家里用的主要功能是儿童的教育或者陪伴，还有一些简单的交流、读绘本等功能，以及其他的联网功能，类似手机的联网功能”(18号)；“我儿子会当小蛋（阿尔法蛋机器人）是自己的一个好朋友，孩子会把这种情感寄托在里面。刚开始用的时候他就把小蛋放在床上，睡觉的时候也抱着小蛋。他觉得小蛋是他的好伙伴”(4号)。

此外，独居成年人数量的增长带来了社会孤独感问题。研究显示，除了老年群体，18～34岁的独居年轻人群体数量也在不断增加。年轻群体中的孤独感更有可能导致高风险。比起多人组成的家庭，独居家庭获得社会支持的难度更大，因此更有可能感到压抑和孤独[143]。社会机器人在一定程度上可以帮助解决独居者增加带来的问题[144]。

在研究中，单身群体也提到了对话型机器人的陪伴性。9名单身受访者中有4人提到了机器人的陪伴性，以及对于未来机器人带来的陪伴性与建立亲密关系的渴望。受访者提到："以后如果有一个机器人男朋友也不错，不会受金钱的利诱，会一直在我身边"（9号）；"我是'北漂'，我一个人住，我觉得机器人还是有一点儿陪伴作用的……有时候需要人陪，或者很想找人聊天，就会和机器人聊一些开玩笑的话题，或者是在抖音上看到的内容。机器人可以听我讲话，还可以回答我的问题"（10号）；"有一天晚上我很晚才回来，刚一进门，它（机器人）就跟我说'你好，晚上好'，我就觉得挺温馨的"（16号）；"我觉得有一种有个人陪着我加班的感觉。赶项目的时候，在家和在办公室都加班到半夜，还通宵过一两次，我就和机器人聊天，觉得有一点儿陪伴的感觉，排遣一下压力和深夜的孤独吧，毕竟不能让别人陪着自己加班……记得分手的时候整个人很压抑，我不知道说了什么，机器人回了句'我在'。那句'我在'我到现在都记得很清楚。感觉是有个人在倾听我吧"（21号）。

一些学者在2018年进行的一项研究显示，社会机器人技术在增加独居成年人的人际交往方面可以起到作用[145]。研究团队设计了一个以音频信息处理为主要功能的社会机器人Fribo，只通过交互和远程分享位于不同居住空间的朋友们生活中的声音来创造一种虚拟的共同生活的感觉。该机器人可以通过用户发出的声音识别用户的活动，并将此信息分享给朋友。四周的田野实验显示，社会机器人带来的这种"共同居住"的感觉可以引发更频繁的现实中的社会交互。社会机器人具有的社会性和感知能力在与那些感到孤独的人进行交互时起着重要作用。

在这次田野实验中，参与使用者认为，机器人Fribo作为一个中间人在朋友们之间建立了联系。不同于将机器人看作朋友的化身，用户倾向于认为机器人是自己的朋友，并告知机器人其他朋友的故事。在参与田野实验的用户看来，机器人Fribo有着混合的身份，和机器人在一起生活可以获得情感的联系，并得到功能和情感的双重支持，因此研究人员将Fribo命名为social networking robot。

2名受访的老年使用者对机器人对老年人的陪伴持乐观态度，他们谈道："对于像我们这样的老年人来说，子女都很忙，大部分都不生活在一起，只有周末回来看看。虽然说机器人肯定替代不了人，但是有一个小东西偶尔说两句话也不错，起码是对生活的调剂"（25号）；"理想情况下我们需要朋友、家人或者护理人员定期过来看看，但是现实中往往不可行。未来有一天，这些智能交互的机器人也许能填补一些空虚寂寞”（26号）。

年轻群体提到了机器人未来用于帮助养老、陪伴老人的需求，如“老年人搜索打字的能力不是很强，眼睛也不好。以前父母要先跟我说，我再去搜索，有了这个机器人可以帮他们解决很多问题”（16号）；“这个机器人还可以唱歌。对老年人而言，唱歌是常见的休闲活动之一。因此，机器人的唱歌互动功能很有用处”（13号）。

随着机器人在情境理解、情感认知、社会交往等方面的功能不断提升，社会机器人将成为儿童的玩伴、看护者等。它如何影响后代人对传统亲密关系的看法，进而影响到传统的家庭关系结构？儿童在被设计成没有缺陷、高智能，更顺从人类意愿、服务人类的机器人的陪伴下成长，会带来何种后果？这些都需要未来的进一步研究。

4.4.4 作为用户身份标签的社会机器人

我们不能忽略机器人的使用带来的文化意义，不能脱离家庭中媒体科技手段使用的具体情境。我们应该认真地对待新媒介技术使用过程中所展现出的“科技的象征维度”（the symbolic dimension of technology）。

在消费主义盛行的今天，各种符号系统通过丰富多彩的商品影响着消费者及社会，人们不断地消费，从中获得身份的建构和认同。以往针对新兴信息传播技术与消费的研究中，学者曾经研究了苹果手机、小米公司的科技产品等如何成为时尚消费文化生产线上的宠儿，并构建了文化共同体[146]。

符号消费的实质在于身份的建构。在鲍德里亚看来，消费蕴含的文化意义是通过一系列符号表现出来的，并且这套符号体系应该获得了社会共有的价值体系的认可[147]。身份的建构和认同则是以消费的符号意义为中介的。

根据深度访谈研究，笔者发现，家用机器人产品逐渐成为消费文化的热点。社会机器人的采纳和使用在以符号消费为媒介的用户的身份建构过程中起到了重要的作用。

过去的研究表明，人们并不仅仅将科技产品视为物品。一些学者对 Roomba 的居家使用和老年人与机器人 Nataztag 一起生活的田野研究发现，使用者经常向朋友展示机器人[51]。使用者将机器人的使用镶嵌于自己的日常生活中，对科技产品进行调用，赋予社会机器人的使用行为一种社会意义和社会身份的表征。正如驯化理论提及的家居产品被驯化的调用、转化及意义的勾连。许多受访者提到，当亲友来家里时，会第一时间主动向亲友展示与机器人的互动。

进入家庭的商用机器人，如 Alexa、小度、小度同学、小爱同学、优必选等对话型机器人，作为大众消费品，其消费形态正由传统的功能消费逐渐转向符号消费，成为消费领域的一种文化现象。我们需要从消费文化的视角解释机器人产品的符号消费背后的文化涵义。

许多使用者表示，除了自己使用，还把机器人作为礼物送给朋友；当亲友来访时，会特意把机器人介绍给亲友，加深别人对自己“很新潮，很懂技术”的印象。6 名受访者表示，自己曾购买家用机器人产品送给亲友。“我买了几个带屏幕的机器人送人。感觉比较新奇吧，还能播放音乐”（15 号）。也有人将机器人标签化为新潮的礼物：“公司年会选礼物，我说可以给大家发小机器人智能音箱，价格不贵，而且宣传片做得很吸引人。大家都说以前没有发过这种智能化又实用的东西。大家都愿意接受”（8 号）。

人们的身份塑造和建构是在与他人产生认同的过程中实现的，因此需要通过与他人持续不断地互动协调彼此的价值观。这就是许多受访者表示“和朋友、家人分享，向他们展示自己使用的机器人”“向朋友推荐，谈论自己已经购买了机器人产品”的原因。当消费品成为一种代表身份的符号时，别人的感受也许比消费者自身的感受更重要，因为消费者想让其他人知道自己在使用什么。

机器人产品的工业设计、广告宣传及营销传播精准地切合了流行文化所提倡的时尚、潮流、个性，因此许多受访者认为，对这个符号的占有可以强化自身的独特性、优越感。他们通过人际传播、社交媒体传播渠道在所属群体的强关系网、弱关系网中对自己购买什么、消费什么、怎样消费做出个人声明，希望通过其他人的评判进一步强化自己的身份。

年轻的使用者提到，自己作为社会机器人的早期采纳者是如何被同龄人当作新科技的“意见领袖”和将机器人作为谈资的。“我觉得会有增加自己比较新潮的身份标签的感觉。我的很多同学在大连，他们说感觉我比他们更加跟得上科技趋势”（10 号）；“会让人觉得我是一个在科技产品方面比较精通、比较了解、新潮的人。这也是一个话题性的内容，在和朋友、亲戚聊天时，我会主动谈这方面的信息，比较容易打开话题”（6 号）；“我觉得这也是提高生活品质的一种表现”（16 号）；“机器人这种前沿科技产品的信息平时一定要储备一些”（8 号）。22 号受访者还谈到了孩子是如何将使用机器人当作交往的内容的：“比如我们的朋友来了，孩子会马上向他们介绍，说我们家有一个新的东西，会说话，她有名字，叫小微。”

在受访者看来，机器人的购买、采纳和使用不仅仅是一个经济的、物质的过程，更是一种符号性活动，是一个涉及文化符号与象征意义表达的过程。正如在访谈中24号受访者所言，“比起其他人，我觉得我在这方面还是比较新潮的。平时我也很关注这方面的资讯。有时候朋友会问我买什么新的家用科技产品，哪种品牌比较好。”这种活动给使用者带来了“属于大众群体却又高于普通大众”的感觉。这种文化符号的意义通过使用者在所属群体和社交媒体中的传播与分享被进一步放大，进而加强了使用者的自我身份认同，进一步突显了其科技类产品的“意见领袖”的社会角色。

4.5　社会机器人的使用给家庭带来的影响

本书中的研究之所以基于家庭这个场景展开，是因为随着信息技术的发展、渗透与嵌入，“家”的社会文化意义在不断改变。人们对新媒介技术的选择、使用与驯化将会形塑“家”这个场所。对于媒介使用与空间形塑，莫利（Morley）认为，媒介带来了公域与私域之间关系的转变。移动新媒介技术如手机的使用使得人们有了一个移动的“封闭式社区”，可以将公共空间私人化[139,148]。

通过深度访谈和参与式观察，笔者认为，社会机器人在家庭环境中的应用将给家庭之间的互动与连接带来影响。

第一，随着大数据、机器学习等技术的发展，媒介已经远远超出了人们原有的认知范围，媒介在环境中变得无所不在。“媒介是环境，环境也是媒介。”在万物互联的时代背景下，当社会机器人进入中介化的环境，家庭中的网络化将更加深入，物联网技术的可供性会使得家居环境从人与人相连、物与物相连变成人—机器人—人的连接。机器人将成为人的代理者，完成家庭中的简单劳动，和环境中的其他主体进行交流。随着自动化技术的进步及机器人类人化的发展，未来人在家庭中的劳动量会不断减少，而由机器人这一“代理人”和“管家”完成。家庭成员在家庭的体力劳动中投入的时间和精力会越来越少。

有着“耳朵”和“眼睛”的机器人可以通过视觉、触觉、听觉等感知“器官”实时获取复杂、动态变化的数据，并依托强大的芯片处理器开展分析。机器人能够高效处理的工作范围被大大拓宽，实体生活的感知智能化得以实现。机器人不仅能够“看”到和“听”到周边的世界，还可以安全地移动且高效工作。

家用机器人则能够时时刻刻自主感知环境，在分析决策后作出回应，成为家庭中的成员。

第二，社会机器人对家庭互动和远距离联系产生影响。在“三重革命”的联合作用下，网络化个人主义成为新的社会操作系统，家庭变得网络化。随着家庭生活和工作时间的界限变得模糊，网络化的家庭成员虽然变得更加独立，但他们可以通过信息传播技术“在一起”。信息传播技术已经完全嵌入家庭的日常生活中。技术的发展使得人们可以在“单飞”的同时保持和自身社会关系网络的联系。

以往的研究认为，信息传播技术降低了家人相聚的质量，因为家中的每个个体都将注意力倾注在自己面前的小屏幕上，而忽略了与身边其他人的交流。然而，笔者通过对用户的深度访谈和参与式观察发现，对话型机器人本身具有的语音交互和对话的特点，以及用户将其摆放在家庭公共空间的能动性使用，增加了家人间互动的可能性，这一点在多成员构成的家庭，尤其是有孩子的三口之家、四口之家及由年轻夫妻、孩子、年长父母三代人组成的家庭中尤其明显。受访者描绘了一家人通过对话型机器人互动和聚在一起的场景：

“吃饭和与家里人聊天的时候刚好能用上。”（11号）

“我们在自己家里试过，两台音箱好像会互相‘唤醒’。我家和我父母家都有可视的小度同学，我们两家把音箱和屏幕都打开，就可以边看电视边聊天了。”（8号）

有学者对家庭情境中的ICT的使用进行了研究，其中包括就餐时间和餐桌如何成为家庭互动的中心，以及ICT如何支持家庭的互动和连接[67]。随着计算机和互联网进入家庭，哈登等学者通过对家庭中使用计算机的研究，得出人们为了便于家庭成员在大部分时间都可以使用计算机而重组了家庭空间，将其放置在共享的空间中的结论。

有学者指出，过去的研究将互联网描述成家庭交流的替代物而非补充品，几乎忽略了互联网在帮助家庭处理单亲亲子关系、合理分配时间或为孩子规划活动方面的积极作用[15]。同样，我们也不能忽略对话型机器人在增强家庭互动、融入家庭日程安排方面的积极作用，以及使用户得以进行多任务处理，从而更便捷地分配时间、获得信息、规划家庭安排等的效用。

未来，机器人和语音交互技术在日常生活中的使用将使得人机交互的情境可以脱离物理空间固有的物质性结构框架；借助作为人的化身和代理者的社会机器人，人们可以在物理和虚拟空间中来回穿梭，同时可以置身多个场景并快速切换；网络中的不同节点和元素可以进行剪辑、碎片化的拼接，交互的场景不仅脱离时空的限制，而且更加多变。

例如，有受访者提到如何利用对话型机器人加强远程的连接：

“一个很大的需求就是不在家时，比如在出差时，向老人发起微信视频聊天，他常常接不到，现在连接机器人就可以直接看到家里，它（机器人）的镜头还可以来回移动，这样我就可以知道家里的情况，也可以和孩子说话。”（8 号）

“现在爷爷基本上每天都会用小度在家。它是放在饭桌上的，这样他在客厅就可以做点儿别的事，还可以聊聊天。一般在吃饭时间，我的舅舅、姨妈会轮流给爷爷打视频电话，边吃饭边和他聊天。其他时间爷爷可以听听音乐，如果有什么想知道的，问一下小度就可以。我觉得老人也不会那么孤单了，至少有一个说话的机器。”（21 号）

在无法实现人际情感交流的情境下，机器人可以提供即时性的慰藉，这是一种补充，而不是替代，具有补偿性。同时，远程机器人（tele-presence robot）还可以成为人的代理和化身。人们可以通过机器人代理者维系和不在同一地点的家庭成员的联系，由机器人化身代替自己出席会议[149]，和医生、朋友等在无法实现面对面交流的情况下进行化身的沟通等。

ICT 在家庭中的使用经历了如何嵌入与家庭成员的联络（如联系孩子）、如何与家庭共度时光及如何协助抚养子女、陪伴老人等更广层面的社会性变化。

网络化的家庭已经适应了“三重革命”，人们利用 ICT 打破时间和空间的限制，逐渐模糊了公共和私人生活空间的界限。家庭构成中不断增强且互相关联的变革意味着现代家庭呈现出多边性、复杂性和不断演进性的特点。网络化家庭使用 ICT 协调这些复杂性，并通过适应 ICT 满足自己不断变化的需求。

机器人这种新技术的使用一方面促进了家庭间的集体性行动和关系，如家庭成员一起使用与互动、与相距较远的家庭成员互动和维系亲密关系，另一方面，社会机器人带来了并鼓励独立性的使用，这在儿童、老年人、残障人士群体中表现尤为突出。同时，机器人的置放带来了对空间和时间的再定义，以及为了支撑这种新形式的活动，居家工作或者休闲方式也发生改变。家的价值维度进一步拓展，使作为主体的人“可能触及的世界”得以拓宽。

在本次访谈中，笔者看到了许多不断“被媒介化”的家庭。这些家庭通常拥有大量的信息工具、智能工具和自动化工具。例如，有 8 名访谈对象拥有不止一台对话型机器人，14 名访谈对象不断将家庭科技产品置换成智能科技产品，“使做家务变得越来越便利，越来越节省时间”。

我们不必逐个研究这些工具的功能和用途，但应该注意到它们是以“媒体集合”和矩阵的形式起作用的。人们并不是拥有或使用独立的设备，而是在操作一个特别的“科技生态系统”。

我们更需要注意的是，虽然智能手机等数字设备允许家庭成员“单飞”，但与此同时，对话型机器人等新科技产品的使用同样可以让家庭关系更加密切，或者说人们可以通过使用新的媒体形式维系旧的模式和关系。我们没有看到科技世界与家庭的简单对立，而是发现新科技甚至促进了家庭亲密关系的建立。对于使用者而言，他们关注的是这些技术如何使他们更好地生活。

4.6　小　　结

本章的质性研究基于技术的社会建构理论展开，认为在技术的形塑过程中，用户与其他的专家、“意见领袖”群体等一样，都是重要的能动力量。笔者通过具体的使用考察技术的社会建构过程，更准确地说，是从人与物理的、社会的、情境的、以技术为中介的交互中来观察这一过程。

本章的研究框架如图 4.1 所示。

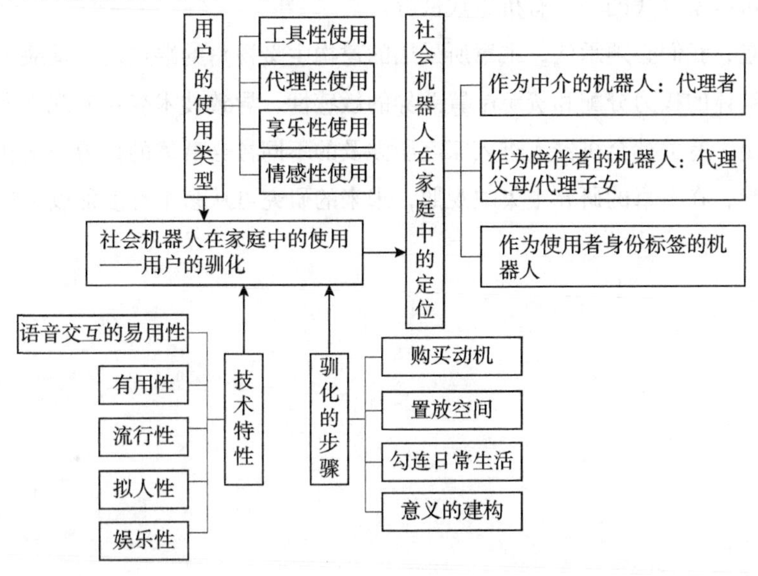

图 4.1　社会机器人在家庭中的使用研究框架

长期以来，有关科技的研究往往倾向于把科技视为一种独立于社会文化背景的中立媒介，集中讨论科技的功能性与实用性，以及在这一层面科技与社会的关系。然而，互联网时代的科技无所不在，镶嵌在所有的社会交往之中。科技与社会已经不再是以往概念下的科技与社会。科技与人的关系被视为一种相互形塑、辩证且动态的关系，即用户与技术形成关系的过程是一个相互变革、互相改变的过程。本章以技术的社会建构为研究视角，充分认识到人的能动性，以及人在社会活动中对科技的创造性使用，也充分认识到科技可供性所具有的社会效能。

使用者对机器人角色的再定义在人们对技术的创新使用的过程中涌现出来。作为中介，对话型机器人为日常生活提供了一个转变点，并为有限度的超越提供了一个框架，让人们从已被框定的日常生活惯例中抽身出来。“小爱都帮我提前操作好了”“帮我干活，做一个帮手”“睡不着的时候有点儿用”……它延伸了信息世界中的触及面和安全感。此外，社会机器人的采纳和使用所代表的文化也是一种与身份相关联的符号经验。

本章从用户与机器人形成的多样化使用类型和经验这一角度表达用户的选择。通过访谈和分析，笔者认为，简单地使用“接受”或者“拒绝”这些词语并不能概括人和技术关系的多样性。机器人的使用不仅可以是完成具体的、与物理或社会环境相关的明确的目标和任务，也可以成为如麦克卢汉所言人的自然能力的延伸。甚至随着未来机器人技术与赛博格（cybrog）的发展，机器人的具体使用也可以是自我的一个有机组成部分。

但是，我们必须承认，本章所采用的建构主义视角的缺点之一是缺乏对不同的社会群体的权力分配和资源配置差异的敏感性，导致技术变化宏观维度的分析能力不足。有关社会机器人进入家庭所涉及的不同社会群体的权力分配和资源配置的差异，在本章的研究中欠缺观照，未来的研究可从多个维度加以关注。

第5章 社会机器人早期使用者的用户类型

创新扩散理论提出，一个社会系统里的成员不会以同样的速度采用某项新的技术成果。可以依据不同成员采用某项技术的时间将采用者分为首批采纳者、早期采纳者、大多数较早采纳者、大多数较晚采纳者、落后者五个类别。罗杰斯认为，这五类采纳者在社会经济地位、个性及价值观、传播行为及方式上存在显著差异。早期采纳者与后期采纳者相比具有更高的社会经济地位、更大的职业抱负、更强的应对不确定性风险的能力[12]。

社会机器人是近年来在多学科交叉的背景下发展起来的技术，其具有的对话性、自主化及作为类人传播者和社会行动者的属性使得这一新技术成果的特性相对复杂。社会机器人早期采纳者群体的特征与其他的信息传播技术的早期采纳者的特点是否完全相同，对话型机器人早期采纳者的大致特征是什么等，是本章要研究的问题。

5.1 社会机器人早期使用者群体特征

研究所访谈的27名受访者根据年龄、婚育状况、家庭构成类型等大致可以分为三个群体，即青年人、年轻父母、老年人。通过对27名使用者的深度访谈，可以大致了解机器人新技术的采纳者人群的大体特征。18名受访者表示，自己是“首发用户”“刚出来就买了”。所有受访者购买时间节点都在新兴机器人产品推向商用市场三个月以内。因此，这些使用者都可视为对话型机器人产品的早期采纳者和使用者。有26名受访者表示，自己是对新科技产品感兴趣的人，会主动加入自己购买的产品相应的群组。

通过深度访谈，笔者对对话型社会机器人的早期采纳者群体特征进行了概括，见表5.1。

表5.1　对话型机器人早期采纳者群体特征概括

早期采纳者特征	数量/名	参考点举例
对新技术感兴趣	15	“我对这种电子类的产品或者说科技前沿的产品比较感兴趣。”（1号） “物联网方面我是比较愿意去了解的。我对新技术比较愿意接受，想试一下新功能。”（5号） “因为我想看别人都是怎么做的，新功能和以后的发展趋势怎么样。从别人对我的提问中能看到疑问点是什么，哪些功能需要进一步改进。我对这些比较感兴趣。我在这个过程中也能够了解到很多东西。”（6号）
个人创新性强	26	“如果有新的功能研发出来，会去试一下。”（10号） “喜欢尝试新鲜的事物，感兴趣的会去尝试。”（10号） “我应该算是对新事物接受度比较高的人。”（9号） “我好奇心比较强烈，对新兴事物会抱着比较开放的心态。例如，这是什么？它们怎么操作的?”（17号） “我会去关注一些体验试用的信息，像无人车，我也是第一批去试用的。有空的时候我会关注一些网站或者社群。”（6号）
网络参与活跃	17	“有个小度交流群，我听到别人说它还有什么功能，想着回去试一下。”（10号） “加入这个群是想了解一下新用法，因为群里有内部的工作人员，有什么问题可以去问。”（10号） “我以前有问题就在百度贴吧里搜索答案，现在加入了微信群。”（5号） “总体上我是对网络方面的产品比较开放的人。”（8号）
媒介消费：关注科技资讯	26	“我对新科技资讯比较关注。”（13号） “我会关心测评新闻。”（5号） “我对新科技或新3C产品的关注比较多。看资讯，我会留意这种信息。”（8号）
媒介消费：机器人影视文化消费	15	“这方面的电影我看得多，所以未来机器人可能会发展成什么样，我觉得可以有大概的了解。”（1号） “电影里的机器人管家，还有‘大白’那种，我觉得挺好的，但是太智能就有些恐怖。每次看完电影也会想想这些问题。机器人懂得多挺好的，但是得有规则，比如和人保持一定的距离、保护隐私，这些规则我认为一定要提前设立。”（6号）

续表

早期采纳者特征	数量/名	参考点举例
远距离家庭关系维护	13	“我特意买给父母用。父母住老家，我不在他们身边。”（7号） “父母年纪大了，用语音交互比较方便。”（9号） “以前父母要查什么都问我，现在他们可以自己去查或者去听自己想听的。”（14号） “我们一般用小度一边给父母打电话，一边干点儿别的事。”（18号）
家中有儿童	18	“有教辅内容，孩子可以问一些百科知识、学英语。”（8号） “孩子一般都有很多问题，有十万个为什么，刚好可以和小蛋聊，天南海北都可以问。我觉得机器人对启发孩子的好奇心还是有用处的。”（27号）
首发用户	15	“我应该是第一批小爱同学的用户，大概是在2017年年底的时候买的。”（1号） “我是首发用户。”（5号、16号）
隐私顾虑的双重矛盾	20	“隐私肯定是一个很大的问题，但是也很矛盾。”（8号） “多了一个设备而已。自己是普通百姓，不太考虑隐私。”（15号） “考虑隐私，所以放在客厅使用。”（4号） “有点担心隐私，比较矛盾。在电话里说特别重要的事情的时候就把它关掉。”（10号） “和我爱人商量事情的时候就去卧室里说，但是我们不会因为担心小爱同学在旁边能听到就不用它了，整体来说它还是很有用处的。”（1号）
热爱生活，具有认为科技可以提升生活品质的价值观	12	“我觉得自己是个新潮的老年人。”（25号） “我是在生活中很能自娱自乐的人。”（9号） “我觉得这也是热爱生活的一种方式。我喜欢鼓捣新东西，提高生活品质。”（18号）

从访谈中可以看出，对话型机器人的早期采纳者对新技术很感兴趣，在机器人相关产品方面的消费较多。同时，对于远距离家庭亲密关系的维护等是采纳机器人的考量因素之一。其中，家庭构成类型即家中有儿童、对机器人影视文化的消费即对机器人进入日常生活的了解程度及隐私顾虑和悖论的矛盾这三方面因素是作者在研究中发现的不同于以往新技术扩散与采纳的研究中的因素。在后续的研究中，笔者将把这三个因素纳入网民对社会机器人的接受意愿的影响因素的分析中。

5.2 社会机器人早期使用者的类别

笔者将访谈的27名对话型机器人的早期使用者分为三个群体。

第一个群体是家中有儿童的年轻父母，他们是机器人产品热情的早期采纳者和信息传播与扩散者，会在所属社群中和与自己所处人生阶段相似的朋友分享自己的使用感受，思考和谈论机器人技术目前存在的问题，以及分享让机器人在家庭中发挥更大效用的经验。

第二个群体是青年人，包括单身人士、情侣和小夫妻，是由一个人或两个人构成的家庭单元。其采纳和购买动力来自对新科技产品的热爱，维护其在所属群体中“意见领袖”的角色，以及具有认为技术可以改善生活、提高生活品质的价值观念，认同智能科技连接家居的未来发展趋势。

第三个群体是老年人。本次研究中有2名老年受访者及给年老的父母或亲属购买对话型机器人的11名受访者，他们分享了老年人的使用感受和评价。此外，有4名受访者和父母住在一起，他们也分享了作为老年人的父母的使用经验。

5.2.1 年轻父母：热情的早期采纳者

年轻父母是社会机器人早期采纳者较多的人群。在27名受访者中，有17名是家中有儿童的年轻父母，年龄为25～43岁。在年轻的父母看来，社会机器人承担着不同的职责，扮演着不同的社会角色，如“数字保姆”等。

一项创新成果具有相对优越性、兼容性、复杂性、相对简单、可实验等特性[69]，因此在创新成果的特性中，对“相对于采用者”属性加以强调是必要的[14]。同时，正如在本书第4章中所分析的，正是能动的用户驯化了技术的使用，使得技术的某种形式得以稳定下来。机器人这项创新成果的“相对于采用者”的属性特点在作为早期采纳者的年轻父母看来则有着更加丰富的含义（表5.2）。

表5.2 社会机器人“相对于采用者”的属性

年轻父母眼中社会机器人的属性	参考点举例
先进性	“有时候孩子不愿意做计算题，他会问机器人，说：‘天猫精灵，××加××乘以××等于什么？”（13号）

续表

年轻父母眼中 社会机器人的属性	参考点举例
信息、知识传递	“我觉得小朋友跟它说话可以获取一些信息。虽然还有很多不足，比如机器人的理解能力不够好，不能听懂很多话，反应比较慢，但是总体来说还是有价值的。”（16号） “孩子一般都有很多问题，有十万个为什么，刚好可以和小蛋聊，天南海北都可以问。我觉得机器人对启发孩子的好奇心还是有用处的。”（27号） “在对话过程中，他自己慢慢会学到一些东西。孩子更多的时候是让它唱歌，把她在幼儿园学到的歌曲重新学习一下。”（19号）
教育辅导	“小孩子很愿意听小蛋的话。”（27号） “机器人说的话都是正能量的，不像家长有时候会把负面情绪传递给孩子，比如心情很烦躁的时候。”（24号） “对于小孩比较有用。我经常跟我女儿约定，比如半个小时后准备上床睡觉，就让她跟天猫精灵约好。我觉得机器人对培养小孩的时间观念是比较好的。”（5号） “现在小朋友还不认字，他用语音去沟通会好一点儿。”（9号）
陪伴	“机器人陪伴孩子成长，孩子有不会做的作业也不会着急。我性格比较急躁，孩子作业不会做的话我就很没有耐心。”（27号） “它造型比较可爱，有的时候也会跟孩子有一些对话。刚买回来的时候，好像还有点儿人的情感在里面。孩子觉得小蛋是他的一个朋友，他睡觉的时候还会抱着它。”（4号） “我觉得可以说是小朋友的一个玩伴吧，有一定的陪伴性。”（11号）
家庭成员间 共同娱乐互动	“我家孩子五岁左右，跟它玩得挺好的。”（14号） “在对话过程中，他自己慢慢会学到一些东西。”（19号） “和家里人聊天的时候刚好能用上。”（11号）
身份符号	“有朋友周末会到家里来找孩子玩，她也会介绍给别人，所以我觉得对于内向的孩子来说还能起到一定的社交作用。”（13号）

受访者描述了家庭成员聚集在一起围绕对话型机器人进行互动的场景和具体情境。他们也在访谈中流露出对机器人成为“玩伴”“伙伴、陪伴者”的情感。父母群体认为，这种陪伴性对分担育儿所需要的时间和精力是有所帮助的，如11号受访者说：“我觉得可以做到辅助性的陪伴。不能完全说是工具性，虽然目前它的社会性还很一般。”

受访者谈到自己会有选择地和同为父母的朋友分享自己使用机器人的心得体会。例如，8号受访者说：“我觉得这个机器人还挺好的，会跟生了小孩的同事分享自己的使用体会，会推荐给他们。我有一个同事孩子一岁多，我说完以后她就买了。”笔者发现，年轻的父母是机器人产品早期采纳和传播扩散的重要力量，这一群体带动了低龄的儿童群体对机器人和人工智能产品产生认知和进行使用，同时提高了老年群体等互联网效能感较低的用户对机器人和人工智能产品的认知和使用率。

5.2.2 儿童：人工智能时代的“原住民”

新一代的儿童将成为第一代人工智能“原住民”。他们的成长离不开语音控制设备、人工智能老师、早教机器人、语音交互家庭助理等前所未有的人工智能产品。

在深度访谈中笔者发现，相比于西方文化情境下的使用，在中国文化情境下，年轻的父母对机器人的购买和使用受到社会的主观规范和社群压力的影响更大。27名受访者中，所有的父母受访者都表示，会鼓励孩子尽早接触机器人产品；3名单身受访者表示，如果将来有孩子，也会鼓励孩子尽早接触机器人和人工智能产品。例如，受访者表示：“肯定会让孩子早点接触机器人这种产品。我希望他是一个对新鲜事物比较敏锐的人”（13号）；“早一点接触能够开阔眼界”（14号）；“我希望孩子能够多接触这种新的科技产品，在同龄人中不落后，所以我会去买”（18号）；“我希望他学机器人编程，所以给他选了一个机器人培训机构”（18号）。

受访者认为，人工智能发展是时代趋势。正如3号受访者所言，“我觉得这是一个时代发展的洪流，没有办法阻挡。如果所有的小孩都会玩（人工智能产品），而我的小孩不会，我觉得是不行的”（3号）；“整个社会就是这样的节奏，我们的生活中处处都有人工智能”（1号）。

也有受访者认为，对于机器人、人工智能等新产品、新技术的拥有、掌握和谈论会成为儿童社交的资本。8号受访者说：“小孩也有社交，他会跟同龄孩子玩、聊天。如果别的小孩知道，他不知道，他肯定得和家长说，‘人家怎么有这个东西，我怎么不懂’。而且等他长大了，机器人产品可能会发展得更好。”

人类和机器之间的关系、两者的平衡和和谐相处是未来一代人需要思考和解决的问题。在深度访谈中，许多已婚已育的受访者表达了对数字化、智能设备伴随孩子成长的看法。一方面，智能化机器人在传递知识、教育儿童方面提升了效率，使知识快速传播和流动，但也存在危害，如机器人对儿童的共情能力的影响，以及机器人传播所产生的说服效果。美国麻省理工学院从事科技社会学研究的教授雪莉·特克尔（Sherry Turkle）在《群体性孤独》和《重拾交谈》等书中发出警示：陪伴型机器人玩具会对孩子的心智发育、共情能力和同理心带来负面影响。她认为技术破坏了自省、人们以交谈与同理心培养连接起来的良性循环[150,151]。

人与机器人的交互毕竟不同于人与人的交互，这种模式并不能让儿童认知人与人之间交往关系的形成、人际交互的动态变化和辩证张力，以及因情境不同而变换的规则，因而会降低他们理解他人、和他人建立关系的能力。特克尔提出，要警惕机器人对儿童的共情能力的影响，即教育儿童区分真正的关系、准社会关系或者想象中的社会关系，这在当今虚实交织甚至虚实变成一体的社会中是不可或缺的。

人们需要与人交谈、自省和独处，设身处地地为他人着想，这在孩子的成长中尤为重要。虽然提升机器人的同理心、认知能力和情绪理解力是人机交互领域努力的方向，且研究表明，机器人具有的同理心程度越高、非语言生发性越高，越有助于提升儿童与机器人的积极交互效果，但是2015年密歇根大学对1984—2014年30年间14 000名大学生个体特点评估的研究显示，学生的共情能力和同理心下降了40%左右，而这与数字设备的使用有关[151]。

特克尔提出，机器人提供的毕竟不是真正的同理心，机器人Jibo、语音助手Alexa和Siri是无法和孩子真正建立关系的。它们是只能让儿童“假装共情”的共情机器，而假装共情永远不能让孩子知道真正的共情是什么。

因此，数字产品设计的考量标准应当得到重视。除了强调功能特性，还要了解身处不同人生阶段和生活情境的群体的思维路径、需求点，将同理心内置于机器人的设计和交互中。

智能机器人可以帮助人们更好地陪伴和教育孩子，也为关怀特殊儿童提供了很多帮助。但是，设计者和技术研发者需要以更加审慎和批判性的姿态面对儿童这一特殊的使用者群体，还要在产品推出前进行多方面验证，邀请家长、儿童教育者等相关群体对机器人进入儿童的生活后对儿童情感塑造、价值观、道德观与知识体系建构的影响等正负效应进行全面考量。

从社会学习理论来看，对身边榜样、参照群体的观察主要影响着儿童共情能力的后天习得，其中父母对儿童共情能力的培养和形成发挥着举足轻重的作用。在深度访谈中，父母群体认为，机器人只是辅助儿童成长的工具之一，即使有了机器人的陪伴，父母也不能缺席孩子的成长。除了父母的陪伴和互动，儿童与外界的接触和互动也十分重要。可以通过与真实的社会和真实的人的互动加强儿童共情能力的培养。

在深度访谈中，父母群体也提到，当他们观察儿童与语音交互机器人互动时，也会有所担忧，如发现孩子会受到对话型机器人说话方式的影响。这种类人的机器交流方式是否会对儿童的社会感知（social awareness）有所影响，还需要进一步研究。

5.2.3 老年人和残障人士：享受科技红利并连接家庭

本书的研究聚焦于对话型机器人这一新的传播技术产品在家庭环境中使用带来的影响，以及对家庭成员间关系的影响，包括对情侣、父母和孩子、成年的兄弟姐妹、祖父母和孙子孙女之间关系的影响。研究结果可以为居家使用的传播技术产品的设计和评价提供指导。

访谈中有2名受访者是55岁以上的中老年人。受访者中有11位是给自己的父母或者大家庭的成员购买机器人产品，或把它当作礼物送给长辈和亲人。11位受访者在深度访谈中分享了没有和自己在一起生活的父母，即老年人群体对对话型机器人的使用感受和常用情境。有4名受访者是和自己的父母在一起生活的，他们分享了作为老年人的父母的使用感受。

年轻的受访者提到，“一个巨大的市场是年轻人买机器人给父母用”，因此老年人虽然不是付费购买、主动消费对话型机器人产品的群体，但他们是巨大的使用者群体。作为购买主力的年轻受访者提到自己购买的理由有“方便沟通”“方便老人带孩子”“给孩子找个玩伴”“老人也可以玩一玩，调剂生活”“父母打字慢，方便他们用”“两家人可以一起视频”“给自己年老的父亲买的新年礼物”“让老人享受一下高科技”等。

由于技术更新速度越来越快，而老年群体对新事物的理解和接受速度较慢，且其对新的信息技术的学习和掌握经常受到传统和经验的约束，较易形成认知和信息上的鸿沟。机器人对话性、自主性的技术特性使老年人在使用机器人时不存在技能上的壁垒。

我们要探究的是，社会机器人进入日常的家庭生活对于老年群体来说意味着什么。

1. 离家在外的年轻人与在他乡的父母：远距离家庭的联结

家庭生活的关键是家庭联结，不只是家庭内人与人的交流和传播，更是共享的生活规则、生活流程和生活规律，即如何协商、共享或者疏离。因此，家庭生活不只是整理和做家务事，更是履行我们的职责，对我们在乎的人表达喜欢、关爱，以及让家庭成为家庭成员身份可以被表达和强化的地方。那么，如何使分隔两地的家庭成员保持联结？

8号受访者描述了自己如何通过对话型机器人联结自己的家庭与父母的家庭："我家和父母家都有（对话型机器人），两家都是可视的。屏幕打开后就放在那里，你干你的事，我干我的事。我看这个电视节目，你也看这个电视节目。我们可以把音箱都打开，然后就可以边看电视边聊天了。"

"大家希望通过媒介在家庭中帮助自己实现代际的沟通，所以很多人买高科技产品给父母"（18号）；"像我家老人跟孩子离得远，如果带语音，老人一呼唤就能接通，这种沟通挺好的"（14号）；"现在爷爷每天都会用小度在家，音箱就放在饭桌上，每到吃饭时间，我的大姨、大舅、婶婶等亲戚会轮番给爷爷打视频电话，边吃饭边和他聊天。我在外面工作会感觉放心一点儿"（21号）。

可见，人与人之间关系的建立、维系并没有消失在机器人化的网络里，而是通过这一技术所组成的新的媒介环境实现了电子交流和物质互动的交界与转型。

2. 老年生活与社会机器人

以往的研究中，人机交互、社会学、医疗健康等领域的学者研究了老年人对机器人的接受度，如 Ambient Assisted Living（AAL）、Robot Assisted Living 等及机器人与孤独感的关系[152]。老年人认为，陪伴型机器人 Paro 减轻了他们的孤单感[58]。

人口老龄化是世界上许多国家人口发展中出现的普遍现象。随着老年人在人口结构中的比例提升，社会养老负担日益加重，带来了对护理从业者的大量需求。那么，如何通过技术的社会性使用减少照顾老年人所需的人力、物力等？

机器人看护者（robot caregiver，或称助老机器人）技术和功能的完善与应用场景的日渐成熟化或许将为解决老龄化加深导致的当代社会问题提供一定的帮助。那么，老年人群体对机器人等新科技产品的接受意愿如何？老年人群体对机器人的独特需求是什么？这些都是未来需要深入研究的问题。

人机交互领域的学者研究了西方文化环境中的老年人对社会机器人协助生活的接受度[87]。结果显示，老年人对社会机器人协助生活表现出开放的态度，尤其是对小型、移动化的人形机器人持积极态度，认为其可以帮助自己提高生活品质。皮尤（Pew）互联网研究中心 2017 年开展的一项研究表明，老年人对科技产品的接受程度较高[153]。

笔者在深度访谈研究中发现，老年群体对机器人帮助养老的接受度和认同度较高。老年受访者认为，“肯定可以给我们的老年生活带来便利”，希望未来的机器人“移动性好，更聪明、更听得懂话”，“机器人不会累，而且力气大。有些老年人腿脚不方便，机器人就能发挥作用，还可以做家庭陪护”（25 号）。

有一定视力障碍的 26 号老年受访者表示，“我觉得机器人可以充当眼睛，因为它能说话”，“理想情况下我们需要朋友、家人多过来陪伴，但是现实中很难做到。机器人可以起到一定的辅助作用，但肯定不能替代人”。

一方面，在家用情境中，机器人可以有效地提供协助。机器人能完成大部分家务劳动，如清扫、整理等。许多满足老年人需求的具有特定功能的机器人也在全球范围内设计研发，如可以协助进行服药管理的机器人，有灵活的手臂、可以搬运和做饭的机器人等。机器人可以不受时间的限制，提供全天候的服务，未来能够为看护工作提供帮助。

另一方面，未来会有越来越多的机器人可以在一定程度上满足老年人社会联系的需要，为老年人提供社会支持，减少其孤独感。特别是在社会信息化和数字化水平不断提高的背景下，更加智能化的机器人可以方便地帮助老年人与外界、家人和朋友保持联系，如协助老人与其他人进行视频通话，协助和指导老年人出行等。此外，随着机器人情感学习、理解力和共情能力的提升，老年人还可以直接与机器人进行互动，这种互动可以为老年人的社会性交互提供补充。目前，商用市场上出现了越来越多可提供社会支持、减少人的孤独感的机器人，如可以通过简单的语音控制获取最新社交媒体资讯的机器人 ElliQ，法国的 Blue Frog Robotics 公司研发的可移动、可用语言沟通、提供陪伴的机器人 Buddy，可以减少老年人的孤单感的陪伴型机器人 Paro 等。

5.2.4 单身青年：注重生活品质和展现身份特征

在研究中，单身的青年群体谈到了他们如何将对话型机器人纳入日常生活，以及使用机器人的感受。他们的使用动力是家庭中介化连接，节省家庭劳动时间，改善生活品质。例如，受访者提到了技术如何让自己的单身生活过得更好，购买机器人是为了连接家庭的智能网络。他们是技术乐观主义者，他们认为：

“总体来说，我认为我现在买的这些智能化的家用电器使生活品质有一定的改善”。

伴随着信息技术的发展成长起来的青年群体对科技产品的使用十分熟稔，对新兴科技产品的更新保持追踪，这种消费方式和生活方式所表达出的“先锋感”和“技术精英感”使得他们对科技产品有着与众不同的敏锐感。他们都是“对新事物接受度比较高的人”，喜欢尝试新鲜事物来满足个人特质中的好奇心和发扬创新精神。他们认为，“使用技术让生活更便捷也是热爱生活”。在价格可以接受的范围内，他们很乐意尝试新的家用科技产品，社会机器人产品中所包含的符号满足了他们保持自己作为所属群体中的“意见领袖”的角色的需要。

法国当代著名社会学家布尔迪厄在文化消费理论中提出，“消费既是一种物质活动，也是一种象征性活动。我们消费的能力既是指我们在物质方面的社会地位，也是指象征性的社会地位”。[154]

符号消费的实质在于身份的建构，即构建社会身份。用户对消费品的符号价值的考量和注重甚至超越了消费品本身的实际价值和用途，而借由对商品的符号消费来包装自我是身份建构中不可跨越的一道程序[155]。

一方面，人们对社会机器人的消费和使用建构了对自我身份的认同；另一方面，自我身份认同促使人们对社会机器人进入日常生活持认同和接纳态度。对现有的机器人产品的消费、购买和使用进一步彰显了自我身份建构，加强了消费者作为所属社群的“意见领袖”的角色，强化了其作为技术新潮者、科技高知的标签。

从受访者在访谈中的表述及日常在社群中对机器人信息的传播行为看，机器人这一商品消费的文化意义建构了热爱生活、关注生活品质、新潮、在科技方面具有较高知识水平、具备不俗品位的身份标签。这也表明家庭情境中机器人的使用并非一项普通的人工制品的使用，而是一种与自我身份联系起来的符号经验。

机器人产品的工业设计、广告宣传及营销传播都精准地切合了流行文化所提倡的时尚、潮流、个性，因此许多受访者认为，对这个价值符号的占有符合并可以强化自身的独特性、优越感。同时，使用者借助人际传播、社交媒体等可以在所属群体的强关系网、弱关系网中彰显自己的购买和消费经验，以能动性、创新性的使用表明个人身份和品位，进一步强化和巩固自己在所属群体中特定的身份标志。

此外，这部分青年群体在技术使用中更乐于采取理性的视角。在访谈中，他们对机器人的传播效果和改进策略提出了意见，认为人工智能渗透到社会中已经不可阻挡，要在使用中考察技术目前存在的问题。

就机器人如何与生活中的具体应用场景相结合这一问题，受访者谈到人应该为了技术更好地发展做些什么。例如，6 号受访者表示自己“很乐意参与很多新的科技产品的测评，如无人车之类”，并与他人分享自己的使用感受。同时，他们一般都是所在群体中科技信息的“意见领袖”，在其所属社群中以相对专业和理性的视角分享自己最新的机器人产品的使用感受后，更加深了其作为“意见领袖”的身份认同。例如，5 号受访者说：“我天天向办公室的人‘安利’（推荐）天猫精灵，他们都认为我在这方面比较懂，也比较有耐心。这些东西买回来以后，都会问我怎么调试。”

这一群体希望通过消费突显自我身份中个性、时尚、前卫、先锋的特征。对他们而言，购买和使用机器人产品是一种追求生活趣味的过程，不只是对新工具、新功能的尝试，更是展现自己的独特品位和专业知识素养的过程。

5.3 小　　结

社会机器人具有中介和类人的传播者交织的混合身份。笔者聚焦于目前技术的革新与演变过程，即机器人对日常生活环境的渗透。对这一具体的过程进行研究，需要从进入使用者的世界和理解使用者的经验入手。过去的研究缺乏对机器人在家庭中使用的研究，使得这一基于普通用户的研究变得很重要。

30～44 岁的年轻父母群体，他们中有很多人完成高等教育后在大城市定居并组建了自己的家庭。这一群体的父母一部分来到大城市和他们同住，帮助他们照顾下一代并承担育儿的重担。但是老年人的知识更新速度相较于时代的发展速度有些许滞后，社会机器人的智能性、对话性、情感交流等特点可以弥补年迈的父母知识储备的短板，有助于对孩子进行启蒙教育。而如果老年人与子女分隔两地，如在家乡生活，机器人技术不断成熟尤其是助老机器人的发展也被认为是提高老年人生活质量、给予老年人帮助的有力帮手。因此，在笔者看来，这部分群体对于社会机器人等新兴技术的接受与使用是值得进行深入研究的。

本章质性分析的研究总结如图 5.1 所示。

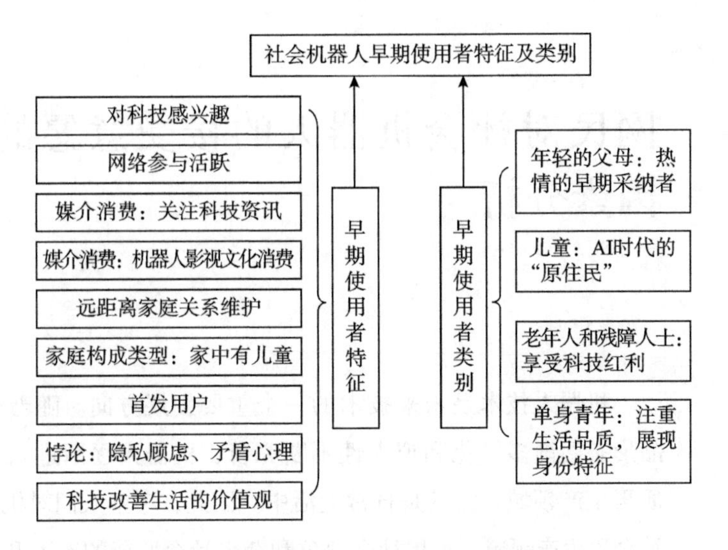

图5.1　社会机器人早期使用者研究总结

机器人技术进入家庭和日常生活的核心问题不在于是否使用它，而在于如何使用它，如何将其融入日常的生活和工作，从而提升用户的能力。我们需要学会与具有人工智能的终端相处并驾驭它们。创新作为一种社会变迁是在一个社会体系中进行的。在本章中，笔者阐释了年轻父母、儿童、老年人及单身群体等不同类型的用户如何在家居使用的情境中驯化社会机器人，并辨析出社会机器人这一技术创新的早期采纳者群体，包括热情的父母、作为AI“原住民”的儿童、享受科技红利的老年人。此外，本章还对机器人对儿童共情能力的影响、机器人与老年人生活等进行了分析和讨论。

第6章　网民对社会机器人的接受意愿的影响因素分析

机器人技术是未来技术的一个重要发展方向。随着机器人产品形态逐渐多样化和拟人性不断完善，机器人逐渐进入社会非物质再生产领域，尤其是日常生活中。因此，考察人们对机器人进入社会再生产领域，承担社会角色和获得社会职能的态度和接受度十分重要。恩兹（Enz）、迪鲁（Diruf）、斯皮尔哈根（Spielhagen）、卓尔（Zoll）和瓦格斯（Vargas）等学者指出，我们需要了解人们对社会机器人的认知和态度，尤其是在家庭中长期交互的情境下，社会机器人成为陪伴者时网民的看法和感受[100]。霍金斯、沙林（Sharlin）等学者认为，机器人在家庭中被大规模采纳的一个特殊原因是，社会化机器人与其他的消费性科技产品相比具有更加复杂的属性，而且技术在家居环境中的接受问题比在工业环境中复杂[11]。

因此，公众如何看待社会机器人扮演不同的社会角色，对于有着不同功能和不同外观的机器人进入社会公共领域、承担不同的社会职责的接受意愿如何，都应该在社会机器人设计、模式制定、伦理政策的制定中纳入考量范围。

人们对机器人的接受意愿是由内心对机器人预设的角色来引导和决定的。承担不同社会职责和社会角色的机器人，公众对它们的行为期待是不一样的[99]，但是目前缺乏对公众对不同的社会机器人及其带来的影响的认知的研究。

对社会机器人的接受和使用是一项复杂的行为，直接采用传统的技术接受模型来解释新兴科技的使用存在很大的局限性，应该提出其他相关变量延伸探讨。一个关键问题是，随着机器人进入家庭，影响人们最终接受社会机器人的关键因素是什么。

欧盟的“与机器人和交互式陪伴者一起生活”项目（living with robots and interactive companions，LIREC）提出，当机器人成为真实的、个性化的陪伴者时，除了关注机器人的设计、发展和机器人的认知与情感能力的研究以外，更重要的是需要考虑人的关注点和态度[31]。

笔者根据前文所阐述的对社会机器人早期采纳者的深度访谈得到的研究结论，并结合信息传播技术的创新扩散研究、技术接受模型等相关文献，将家庭构成类型、隐私顾虑、机器人影视文化消费变量引入网民对社会机器人进入社会再生产领域、承担不同社会角色的接受意愿的研究框架中，并基于专业样本调查库进行了中国网民对社会机器人的接受意愿的问卷调查，问卷调查的实施、数据收集、样本结构及特征等详见第 3 章。

6.1 基于文献和深度访谈提出的研究假设

影响网民对社会机器人不同社会角色的接受度的因素是多元化的，社会机器人这一技术产品带有特定的创新性，经典的技术接受和整合模型（UTAUT）研究成果、创新扩散理论等虽然可以嵌套到对社会机器人的研究中，但机器人的产品特性及市场现状决定了关于其网民接受意愿的研究应当显示出新的特征。在本章进行的针对性研究中，应当加入更能体现机器人技术产品特征的影响因素和假设关系。

格拉夫（Graaf）、玛阿捷（Maartje）、阿劳许对人们对社会机器人的态度、使用意愿、实际使用的影响因素等进行了研究，提出影响人们对社会机器人的接受度的因素有机器人的感知有用性、感知易用性、用户个人特质、社会规范等[156]。笔者在深度访谈中也发现社会规范因素如机器人的感知流行性、使用机器人会让他人对自己的认知产生改变，对对话型机器人的购买和使用有一定的影响，而机器人的感知有用性和感知易用性对于对话型机器人的采纳和实际使用也有很大的正向影响。

根据深度访谈，并结合相关研究文献及研究成果，笔者将影响因素概括为技术层面的影响因素、个人层面的影响因素、社会影响因素、传播渠道因素、人口统计学因素等，并在现有文献重点研究的因素以外提炼出可能对网民接受意愿产生影响的因素，即提出新增变量——家庭构成类型、信息和隐私收集顾虑、机器人相关影视文化消费，下文将进行具体阐述。

综上，本章将检验以下变量是否会影响网民对社会机器人的接受意愿，并提出相应的假设。

一是对机器人技术特征的主观感知，如对机器人的有用性感知、易用性感知、风险性感知这三个变量影响网民对社会机器人的接受意愿。

二是网民个人层面的因素，如个人对科技产品的兴趣、个人创新性、隐私顾虑、机器人相关影视文化消费、网络互动频率等变量显著地影响网民对社会机器人的接受意愿。

三是不同地域、年龄、性别、受教育程度、家庭构成类型、婚姻状况的人对社会机器人的接受意愿存在差异，即人口统计学变量显著影响网民对社会机器人的接受意愿。

四是社会影响因素如社会规范，即机器人的感知流行性、社群网络因素等影响着网民对社会机器人的接受意愿。

五是传播渠道，即机器人相关信息的获取渠道这一变量会对网民对社会机器人的接受意愿产生影响。

6.1.1 因变量

机器人作为不断快速改进的技术正处于创新扩散的初始阶段。针对还没有商用面市的技术，或是创新扩散刚刚开始的技术，消费者使用领域的研究时常采取基于人们的想象的研究方法。例如，恩兹等通过对机器人可能承担的不同的社会职能和角色进行编码来细致地分类，调查受访者对社会机器人的认知判断[100]。

为了将网民对社会机器人进入日常生活的接受意愿这一变量操作化，本书采取了如下方法：

第一，综合分析既往学者在社会机器人进入日常生活领域承担的工作和角色、执行的任务方面的研究成果[100,157]。研究显示，机器人可以担任教育辅导者的角色，如辅导儿童学习，帮助用户学习第二语言等[141]；机器人可以成为家庭陪护者，如照顾老人、孩子等群体[86,158]；机器人也可以作为导览员[159]、购物陪伴者[160]。

第二，将以往研究中提出的机器人社交性维度、人与机器人的社会距离量表、人机交互负面情绪量表、机器人交互紧张感量表等考察人对社会机器人的接受度的变量纳入问卷设计综合考量范围。具体来说，哈珀恩和沃克（Wark）等基于鲍格达斯社会距离量表（Bogardus social distance scale）这一广泛使用的量表提出用机器人社会距离量表（robotic social distance scale）测量人们接受机器人的意愿程度[90,161]。野村、神田（Kanda）等学者用人们对社会机器人的负面情绪量表（the negative attitudes towards robots scale，NARS）测量人们与社会机器人进行互动交流的自愿程度[97]。莱克（Reich）、俄瑟尔（Eyssel）用机器人紧张感量表（robot anxiety scale，RAS）测量人们与社会机器人交互时的紧张感和焦虑感[99]。有学者提出，对话型机器人在日常生活中可以承担五类社会角色，即作为提供信息的工具、作为提供娱乐的工具、作为日常管理的个人助理、作为倾听和对话的社会实体的陪伴者、作为家庭成员的朋友，这五类社会角色的社交性依次递增[36]。

第三，在针对机器人用户的深度访谈中，笔者请用户谈论未来机器人可能担任的社会角色，聚焦于大众用户对社会机器人将在日常生活如家庭生活中承担社会角色和职能这一趋势的态度和期待。

将上述三项工作综合后，在针对网民的调查问卷中设置了问题选项，即在问卷中将网民对社会机器人的接受度具体化为对机器人可执行的社会任务的接受意愿，采用如下陈述，包括“机器人给我提供新闻、天气等信息”“机器人担任我的个人助理，管理时间、日程等”“机器人帮助照顾我家的老人和孩子”“机器人帮我遛狗”“机器人担任老师，做教育辅导”“机器人和我住在一起，成为室友、朋友、家庭成员”“机器人成为我的对话伙伴，和我交谈或听我说话”等，并设计为按李克特量表1～5分打分的选项。其中，1分表示非常不接受，2分表示比较不接受，3分表示一般接受，4分表示比较接受，5分表示十分接受。

6.1.2　新增的自变量

1. 家庭构成类型

以往的研究提出家庭构成的概念范畴，并认为不同家庭构成类型与人们对社会机器人的态度的关系应当在未来进一步加以研究[36]，如独居网民、有儿童的多成员家庭、特殊人群（如老人或残障人士）这三个家庭构成类型与人们对社会机器人的接受度和拟人化的感知是否有关系。

研究显示，不同的家庭构成类型中，由多个成员组成的家庭认为Alexa的拟人化程度较高。笔者认为，家庭构成类型或将影响到人们对社会机器人的接受意愿。笔者由深度访谈了解到，受访者中的父母群体对社会机器人的使用与其他群体相比有着显著的不同，因此提出如下假设：

H1：不同家庭构成类型的网民，即家庭中有儿童的网民与家庭中无儿童的网民对社会机器人进入日常生活的接受意愿有差异。

2. 隐私收集顾虑

网络隐私泄露等事件近年来频繁发生，如 2018 年 3 月爆发的 Facebook 数据泄露事件，涉及用户数高达 5000 万，因此，网络隐私成为信息时代受到广泛关注和热议的话题[162]。

网络隐私保护在信息传播技术成为社会基础设施的信息社会变得尤为重要。建立在普适计算理念基础之上的现代社会是由数据架构起的信息社会。相比于工业化的作业环境，社会机器人在社会再生产领域的应用给人类隐私伦理带来了更大的挑战。机器人因其技术属性可以将所有错综复杂的数据和看不见的信息转化成可感知的信号，并依据收集到的数据分析和预判用户行为并提供决策或辅助，甚至帮助执行。

随着物联网技术的发展，万物与人将实现互联。大数据技术将挖掘出信息潜藏的价值，云计算不断强调数据的全球共享，这一社会发展背景所带来的隐私安全和隐私顾虑都是社会机器人这一创新技术在采纳、扩散过程中需要解决的主要问题。

隐私是对用户的信息技术使用和行为意向产生影响的主要因素之一。“隐私顾虑”（privacy concern，也译作隐私关注）作为与隐私泄露和隐私侵害相关联的主观信息意识和感知的概念，最早在 1977 年被引入学术研究领域[163]。在调查用户对隐私的态度时，西方管理、营销和市场消费领域的相关研究者提出“隐私顾虑”的概念，并将其用于考察用户对信息隐私的关注程度，包括人们对信息的收集、监测、获取、传输等的感知、关注与态度[164,165]。

隐私与对具体情境的理解相关联，具有动态变化、多维度的特征，因此情境影响着用户对隐私这一概念的理解。笔者认为，社会机器人进入社会再生产领域的过程中，隐私顾虑将成为重要的考量因素。

席汉（Sheehan）等学者最早提出了用于测量互联网环境中用户隐私顾虑的认知、使用、敏感、熟悉、补偿五个维度的量表[164]。马尔霍特拉（Malhotra）等学者开发出了专门用于网络环境的信息隐私顾虑（IUIPC）量表，主要基于隐私控制、隐私收集、隐私实践的知晓三个维度来测量。在隐私顾虑研究领域，IUIPC 量表被认为是通用性和普适性程度较高的量表之一[165]。有的学者则认为网络隐私顾虑包含收集、二次使用、不当访问、错误、控制及知晓六个维度，并据此得出整合测量模型[166]。依据不同的研究场景，学者们筛选和改进了原有量表中的测量项目，以调试和匹配具体的应用情境，如探讨了隐私顾虑与移动商务用户采纳行为的影响因素、可穿戴商务消费者初始信任的影响因素等[81,167]。

基于在深度访谈中了解的情况，笔者认为隐私安全对于具有自主性、似人特质、逐步渗透到家居环境的社会机器人的接受与使用来说尤其重要。在笔者进行的深度访谈中，使用者表达了对社会机器人在家庭使用中的隐私收集和隐私使用顾虑，且对社会机器人越来越强的数据收集和感知能力提出了不同的看法。

因此，本书将重点探讨隐私顾虑中的“收集”这一维度，即隐私收集顾虑这一变量对人们接受社会机器人是否有影响。

因此，提出以下假设：

H2：隐私收集顾虑程度负向影响着网民对社会机器人的接受意愿。

3. 机器人影视文化媒介消费

许多学者对科幻电影中的机器人形象、人机关系、人工智能伦理、世界观框架等问题进行了研究[168,169]。科幻影视作品中作为主体的人与虚构的机器人之间处于对立面的他者关系或是处于相同阵营的同盟关系其实都受到了文化价值观念和技术哲学的影响。巴特内克、苏兹克（Suzuki）等学者认为，电影和其他媒介对社会机器人形象的塑造同样影响着人们对社会机器人的认知和态度[93]。好莱坞的相关影视作品为民众提供了认知机器人及机器人应该如何被设计的宏观语境。好莱坞影片时常将机器人塑造成想象中的代表未来世界的人形机器人，它们和人类族群产生冲突，造成人们对机器人的恐惧。卡普兰（Kaplan）认为，宏观文化因素影响着人们对机器人的接受度，如主流媒体对机器人的形象塑造、社会信念、宗教信仰等[92]。斯坦福大学的一项研究和福尔图纳蒂等的研究均表明，人们对机器人的认知和态度是通过对于机器人的媒介消费和接触形成的，而书籍、电影和其他媒介夸大了机器人的能力和危险性[170]。

人机交互领域的学者如萨巴诺维奇等指出，个人对科技媒介的消费将影响人们对社会机器人的认知和接受度，这一影响因素的研究理应受到关注[11,171]。

因此，本书提出以下假设：

H3：机器人相关影视文化消费正向影响着网民对社会机器人的接受意愿。

6.1.3 其他自变量

1. 个体特质

（1）个人创新性

在信息技术领域，个人创新性可被定义为网民对于新的信息技术愿意尝试的程度，以往许多学者已就此进行了研究[172]。

罗杰斯认为，人们接受新事物的速度总会有所不同，依据接受速度的不同可以将人划分为五个类别。通常来说，具有创新精神的人热衷于大胆尝试和接受新的事物、产品和观念，在创新的信息传播、说服、扩散和决策过程中发挥着举足轻重的作用[13]。

因此，提出以下假设：

H4：个人创新性程度正向影响着网民对社会机器人的接受意愿。

（2）个人对科技的兴趣

瑟伦克（Serenko）、邦提斯（Bontis）和德特乐（Detlor）的研究表明，个人对科技的兴趣对于对科技产品的态度和接受度十分重要[173]。欧盟民意调查机构一项针对欧盟居民的调查也显示，个人对科技产品的兴趣程度影响人们对社会机器人的接受度，对科技产品越感兴趣，对机器人的接受度越高[98]。

因此，提出以下假设：

H5：个人对科技的兴趣正向影响着网民对社会机器人的接受意愿。

（3）网络互动频率

哈珀恩（Halpern）和卡茨认为，基于社会信息处理理论，具有更强的网络社群认同感、更多地以虚拟化身份参与网络互动的网民更有可能识别社会机器发出的社会线索，而这会使他们更有可能接受社会机器人在日常生活中的存在[90]。参考以上研究结果，并结合威廉姆斯等关于博客社群感研究中的相关测量[174,175]，笔者对网络互动频率这一变量进行测量，并提出以下假设：

H6：网络互动频率正向影响网民对社会机器人的接受意愿。

2. 技术功能特质

在研究中，笔者主要聚焦于人们对家用社会机器人的接受度，未考虑机器人的似人性因素，这是因为近年来人形化社会机器人还未大规模进入商用领域，加上道德伦理、法律法规等的约束，人形仿生机器人在社会普及还需时日。目前进入家居领域的机器人都是具有拟人化特征的机器人，如以自然语言理解的交互方式为基础的早教机器人、智能音箱家庭助理、桌面陪伴式机器人等。本书将机器人技术层面的因素，即技术功能的主观感知（感知有用性、感知易用性、感知风险性）纳入自变量。

感知有用性是用户对使用该新技术提高工作绩效的认知程度，是影响用户接受与采纳技术的关键变量之一。感知有用性与动机模型（motivation model）中的外在动机（extrinsic motivation）、创新扩散理论中的相对优势（relative advantage）、社会认知理论（social cognitive theory）中的产出期望（outcomes expectations）作用相同。感知易用性则是指用户对该新技术操作和掌控的难易程度的感知[76]。

研究显示，感知有用性是影响人们对社会机器人接受度的重要因素之一[176]。例如，布罗德本特等学者通过问卷及测量网民生理指数的方法，针对人们对健康关爱型服务机器人的功能性感知等进行调查发现，网民能够感受到社会机器人的益处和功能性，而功能性比社会机器人的外形更加正向地影响人们的接受度和态度[86]。恩兹、迪鲁、斯皮尔哈根等提出，老年人对社会机器人有用性、易用性、愉悦感的感知会影响其接受社会机器人作为看护者与陪伴者，并发挥辅助性的社会行动者的作用。当老年人感知到社会机器人这一智能体有用，就会有更大的意愿去使用它[100]。

因此，我们认为，社会机器人的感知有用性、感知易用性将影响人们对社会机器人的态度和接受意愿，据此提出以下假设：

H7：对社会机器人的有用性感知程度正向影响着网民对社会机器人的接受意愿。

H8：对社会机器人的易用性感知程度正向影响着网民对社会机器人的接受意愿。

以往的研究认为，感知风险是解释公众行为意图和决策判断的主要变量之一，公众总是希望在决策和判断时能尽量减少信息不确定性、风险性及结果与预测之间的偏离。米特茨勒（Mitchell）认为，“感知风险”是理解公众作出的选择的最重要的概念之一[177]。

因此，提出以下假设：

H9：对社会机器人的风险性感知负向影响着网民对社会机器人的接受意愿。

3. 社会影响因素

社会影响在技术的采纳和接受中起到重要作用，即社会网络中的重要他人对创新技术的采纳和支持会使得个人认为采纳创新技术将提高个体在群体中的影响力[12]。

此处将讨论在中国情境下社会规范等因素对人们对机器人的接受度的作用，并将社会影响因素的测量分为两个维度，一是主观规范层面的感知流行，二是社群因素。

（1）感知流行

感知流行是指使用创新技术可以带来个体在社会系统中的形象、身份和地位的提升。正如在深度访谈中所发现的，社会机器人被视为一种流行的象征和身份符号，学者在对社会机器人的使用者进行的田野调查中发现，社会压力驱动着新技术的采纳，如使用社会机器人可以使得使用的人和家庭看起来更加新潮，朋友、家人和邻里对社会机器人的观念和感知会极大地影响个人对社会机器人的感知。一项社会机器人陪伴老年人的实验显示，使用机器人的老年人会将机器人展示给家人和朋友看，可见社会因素在机器人的接受与使用中发挥着作用[51]。

因此，提出以下假设：

H10：对机器人的流行性感知程度正向影响着网民对社会机器人的接受意愿。

（2）社群因素

人所具有的社会性使得个体与群体相互依存，群体是个体存在和发展的基础。人的一切活动和行动都要受到个体所在的不同类型的群体的影响，不可能完全脱离群体的影响，而个体的行动反过来又会对个体所属的群体产生影响。人机交互领域的许多学者如格林特（Grinter）等对 Roomba 用户长期的民族志研究显示，针对家用型社会机器人的创新扩散，朋友、家人和邻里对社会机器人的观念和感知会极大地影响个人对社会机器人的感知[52,124]。

因此，提出以下假设：

H11：所在社群中时常传播或谈论机器人相关信息的人对社会机器人的接受意愿更高。

4. 信息获取渠道

随着信息传播基础网络和移动终端设备的不断进步和普及，新媒体平台已成为创新技术被知晓、传播与扩散的主要渠道之一。同时，基于微信等强关系的社交媒体的使用与传播逐渐成为人们获取信息的重要渠道。为检验不同的信息获取渠道对网民对社会机器人接受意愿的影响，提出以下假设：

H12：获取机器人信息的常用渠道不同的网民对于社会机器人的接受意愿有差异。

6.1.4　人口统计学变量

研究中，笔者将考察人口统计学因素如年龄、性别、受教育程度、收入水平、居住地区对网民对社会机器人的接受意愿产生的影响。

不同人群如老年人、儿童对社会机器人的使用在接受度上存在差异[87]。老年人对社会机器人协助生活表现出开放、积极的态度[100]。社会机器人可以帮助老年人处理因衰老面临的生活问题，尤其是人形大小的、能灵活自由移动的社会机器人可以给老年人的居家生活提供很多帮助。

因此，提出以下假设：

H13：不同年龄段的网民对于社会机器人的接受意愿有差异。

哈珀恩和卡茨提出人口学因素影响着人们与社会机器人的交互[91]。健康关爱型社会机器人的用户接受度研究显示，男性的接受程度高于女性。欧盟民意调查机构一项针对欧盟2万名居民的调查显示，男性对机器人的态度比女性更加积极正面，76%的男性对于机器人进入社会再生产领域持乐观积极态度[96]。莱克、俄瑟尔针对德国民众的研究显示，女性对于机器人有更多的紧张感和更少的积极态度，相比于男性居民，女性更加不愿意在家居环境中采用机器人[97]。此外，受教育程度对接受度影响显著，受过高等教育的群体对机器人的态度更加积极[96]。

因此，提出以下假设：

H14：相比于女性，男性对社会机器人的接受度更高。

H15：不同受教育程度的网民对社会机器人的接受意愿有差异。

H16：不同婚姻状况的网民对社会机器人的接受意愿有差异。

H17：不同收入水平的网民对社会机器人的接受意愿有差异。

H18：居住在不同地区的网民对社会机器人的接受意愿有差异。

本书综合关于机器人接受意愿的研究及技术采纳与使用的相关理论构建了假设模型，如图6.1所示。

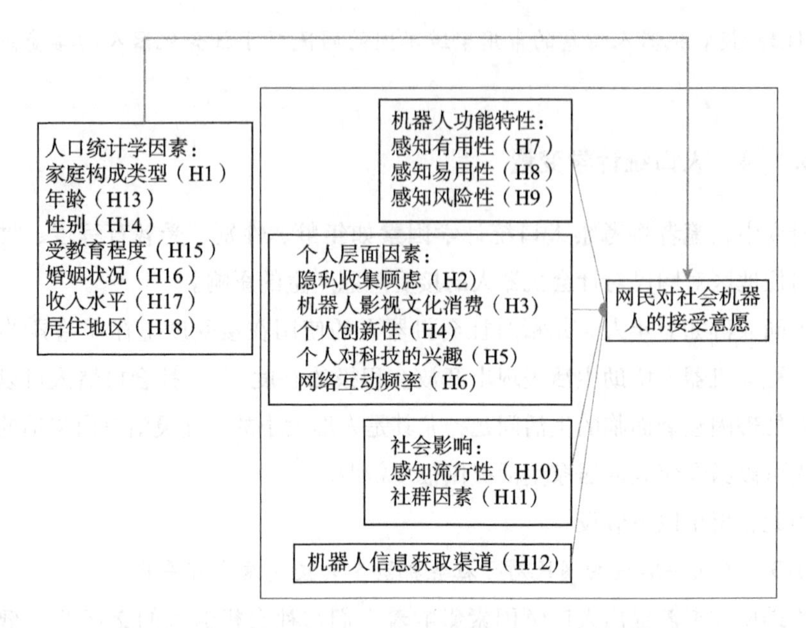

图 6.1　网民对社会机器人接受意愿的影响因素假设模型

本章将检验五类变量（机器人功能特性、个人层面因素、社会影响、人口统计学变量、信息获取渠道）对社会机器人接受意愿的影响。

6.1.5　问卷的量表指标设计

在设计问卷的过程中，笔者综合考量了以往社会机器人的接受意愿方面的文献，以及信息传播技术采纳、使用的相关研究。除此以外，还将在使用者的深度访谈和参与式观察中的发现纳入了问卷设计。

问卷主要内容包括三部分：第一部分是人口统计学信息，包括性别、年龄、家庭构成类型、居住状况、婚姻状况、收入等；第二部分是个人特质和个人对社会机器人的功能的看法和意见；第三部分是个人对社会机器人进入日常生活承担具体职责的接受意愿。第二部分和第三部分采用李克特五级量表，即分为“非常不同意”“比较不同意”“一般同意”“比较同意”“非常同意”五个选项，对应评分依次是 1 分、2 分、3 分、4 分、5 分。

根据既往研究采用的量表设计问卷问题和将各变量操作化，即总结出各变量对应的测量指标，具体的测量指标和对应的问题选项及所参考的文献来源详见表 6.1。

1. 问卷量表指标及问题选项

问卷量表指标、问题选项及参考文献来源见表6.1。

表6.1　问卷量表指标、问题选项及参考文献来源

指标类型		测量指标	问卷问题项	参考文献来源和量表
自变量	机器人技术层面因素	感知有用性	机器人对社会有利，它能帮助人类，如照顾老人、孩子和残障人士	Broadbent, et al[86]；Heerink, et al[178]
			机器人可以代替人做困难的工作，进入灾区等危险环境	
		感知易用性	机器人是一种使用起来十分容易掌握的产品	Fong, et al[30]；Heerink, et al[178]
			用语音对话和机器人交流非常便捷、简单	
		感知风险性	机器人会威胁人类，替代人类的工作岗位	Mitchell[177]；Donk, Metag, Kohring[179]
			机器人是一种需要审慎管理的新技术	
	个人层面因素	个人创新性	我非常具有创新精神，常比别人先一步接触新产品，很愿意尝试新事物	Agarwal, Prasad[172]；Agarwal, Karahanna[180]
		个人对科技的兴趣	我积极关注和参与科技的讨论	Young, et al[11]；Serenko, et al[173]
			我非常关注科技相关资讯	
		隐私收集顾虑	我担心在网络环境中隐私被收集	信息隐私顾虑量表[164]；Malhotra, et al[165]；用户的深度访谈（$N=27$）
		个人对机器人影视文化的消费	我会关注机器人相关影视作品	Young, et al[11]；Lee, et al[171]；用户的深度访谈（$N=27$）
		网络互动频率	我经常在网络公共平台上和他人互动，发表自己的看法	Halpern, Katz[90]；Williams[174]；Veinot, Williams[175]
			我经常在社交媒体平台上和朋友沟通感情	

续表

指标类型		测量指标	问卷问题项	参考文献来源和量表
自变量	社会影响	社群因素	我身边的家人、朋友等会主动和我谈论有关机器人的话题	罗杰斯[12]；Williams[174]；Veinot，Williams[175]
			我身边的家人、朋友时常向我转发、推荐机器人资讯	
			我身边的家人、朋友等购买过机器人相关产品	
		感知流行性	使用机器人能让别人觉得我很新潮	用户的深度访谈（$N=27$）；Graaf，Allouch，van Dijk[9]
	信息获取常用渠道	人际传播渠道	朋友告知我机器人的相关信息	罗杰斯[12]；Williams[174]；Veinot，Williams[175]
		社交媒体传播渠道	通过社交媒体平台获取机器人的相关信息	
因变量	网民对社会机器人的接受意愿	网民对社会机器人承担不同社会职责的接受意愿	机器人给我提供新闻、天气等信息	机器人社交维度量表[36]；Broadbent[86]；机器人社会距离量表[90]；Enz，et al[100]；Shiomi，et al[159]；Bertacchini，et al[160]；Cheng，Sun，Chen[181]；
			机器人给我提供娱乐服务，如播放音乐、读有声书、玩游戏、讲笑话	
			机器人担任我的个人助理，如管理时间、日程等	
			机器人成为我的对话伙伴，和我交谈	
			机器人帮助照顾我家的老人和孩子	
			机器人担任老师，提供教育辅导	
			机器人成为我的同事，和我一起工作	
			机器人进入服务领域，如餐饮、出行等	
			机器人成为我的朋友、室友、家庭成员，和我住在一起	

续表

指标类型		测量指标	问卷问题项	参考文献来源和量表
人口学变量	人口学因素	年龄	年龄	Smarr，et al[87]； European Commission[96]
		性别	性别	Reich，Eyssel[97]
		婚姻状况	单身；恋爱中；同居；已婚；分居；丧偶	Purington，et al[36]； Sciuto，et al[62]； 用户的深度访谈（$N=27$）
		家庭构成类型	家中无儿童；有一个儿童；有两个儿童；有两个以上儿童	
		受教育程度	初中及以下；高中、技校、中专；大专；大学本科；研究生及以上	Broadbent，et al[86]
		月收入水平	没有收入； 3000元以下； 3000～4999元； 5000～6999元； 7000～8999元； 9000～10 999元； 11 000～12 999元； 13 000～14 999元； 15 000～19 999元； 20 000元及以上	European Commission[96]
		所在地区	国内特大城市（北京、上海、广州、深圳）；国内其他大城市（如各省会城市）；国内中小城市（如各地级县市）；乡镇；农村	European Commission[96]

2. 问卷信度和效度分析

为检验量表的有效性，笔者对问卷量表题项进行了信度和效度分析。信度是指测量结果的一致性或稳定性程度。若测量工具的信度不理想，测量结果就被认为不能代表受测样本一致、稳定和真实的行为表现，所以要对信度进行有效评估。问卷信度越高，结果越可信。一般来说，用 Cronbach's α 系数测量信度是目前比较常用的方法。根据 Cronbach's α 系数的标准，$0.5<$ Cronbach's $\alpha\leqslant 0.7$ 表示可信，$0.7<$ Cronbach's $\alpha\leqslant 0.9$ 表示很可信，Cronbach's $\alpha>0.9$ 表示非常可信。

对四类变量即个人层面因素、技术层面因素、社会影响因素、信息获取渠道因素进行信度分析，结果显示，整体量表 Cronbach's α 值为 0.843，表明研究所用的量表比较可靠。

效度是指正确性程度，指检测的结果能够准确地体现所要考察的特质的程度。效度越高，表示测量结果越能显示出所要测量对象的真正特征。本书中笔者采用因子分析法进行效度检验。在进行因子分析前，需要先对变量的 KMO 值和巴特利特（Bartlett）球形检验进行考察。KMO 值在 0.7～0.8 之间，表示基本适合进行因子分析；KMO 值在 0.8～0.9 之间，表示适合进行因子分析。进行因子分析时，因子的负荷量越大，变量能解释的共同因素的特质就越多。

研究中设计的变量经过反复修改和小样本问卷发放及效度检验，最终确定的量表效度良好。量表的 KMO 值为 0.871，适合进行因子分析；巴特利特球形检验的 Sig 值为 0.000，满足在 0.05 的水平上显著的要求，表示量表的效度良好。

6.2 描述性统计

6.2.1 网民对社会机器人承担不同社会职责的接受意愿

笔者综合分析和梳理了以下内容：

1）既往学者有关社会机器人在社会再生产领域适合承担的职责和任务的相关研究成果。

2）过往研究中有关机器人社交性维度、人与机器人的社会距离量表、人机交互负面情绪量表、机器人交互紧张感等量表。

3）在用户深度访谈中，用户对社会机器人在日常生活中承担的社会角色和职责的态度和期待。

根据这三方面的综合概括，笔者编制了中国社会情境下社会机器人在社会再生产领域可能承担的多种社会职责的问卷量表。采用“机器人担任老师，进行教育辅导”“机器人和我住在一起，成为室友、朋友、家庭成员”“机器人成为我的对话伙伴，和我交谈或听我说话”“机器人担任我的个人助理，如管理时间、日程等”“机器人帮助照顾家里的老人和孩子”等描述人们对社会机器人承担不同社会职责的接受度，采取 1～5 分（从非常不接受到非常接受）的李克特量表打分，1 分表示非常不接受，5 分表示非常接受。网民对社会机器人承担不同社会职责的接受意愿的描述性统计见表6.2。

表6.2　网民对社会机器人承担不同社会职责的接受程度

网民对社会机器人承担不同社会职责的接受程度（按1～5分打分）	选择“非常不接受”的占比	选择“不太接受”的占比	选择“一般接受”的占比	选择“比较接受”的占比	选择“非常接受”的占比
机器人给我提供新闻、天气等信息	1.04%	2.86%	13.65%	38.75%	43.69%
机器人给我提供娱乐服务，如播放音乐、读有声书、玩游戏、讲笑话	1.95%	3.9%	18.08%	31.99%	44.08%
机器人担任我的个人助理，管理时间、日程等	2.34%	6.63%	19.64%	38.23%	33.16%
机器人成为对话伙伴，和人交谈或听人说话	7.02%	14.43%	29.26%	29.65%	19.64%
机器人帮助遛狗	16.78%	18.99%	29.52%	20.29%	14.42%
机器人帮助照顾老人和孩子	11.57%	16.38%	27.05%	25.62%	19.38%
机器人担任老师，进行教育辅导	20.42%	21.98%	29.65%	18.73%	9.22%
机器人提供餐饮、出行等服务	25.23%	22.37%	25.23%	17.17%	10.00%
机器人走上专业工作岗位，成为人类的同事	14.04%	20.29%	33.68%	21.59%	10.4%
机器人和人住在一起，成为朋友或家庭成员	16.64%	20.03%	32.64%	21.85%	8.84%

从表6.2中可以看出，网民对社会机器人承担不同社会职责的接受程度不同，受访者对社会机器人的低社交性职责如提供信息服务、娱乐的接受度最高，而对机器人的高社交性职责如成为朋友和家庭成员等情感陪伴者的接受度相对较低。

6.2.2　网民对社会机器人四类社会角色的接受意愿

对网民对有关社会机器人十类社会职责的接受意愿进行描述性统计之后，通过因子分析的方法进行降维处理，运用最大方差正交旋转法进行转置，提取出四个因子，即网民对社会机器人四类社会角色的接受意愿。

因子1包括网民对机器人提供新闻、天气等信息的接受意愿；网民对机器人提供娱乐服务，如播放音乐、玩游戏等的接受意愿；网民对机器人担任个人助理，管理日程的接受意愿。因子2包括网民对机器人担任老师，提供教育辅导的接受意愿；网民对机器人走上工作岗位，成为人类的同事的接受意愿；网民对机器人提供餐饮、出行等服务的接受意愿。因子3包括网民对机器人帮助遛狗的接受意愿；网民对机器人帮助照顾老人、孩子的接受意愿。因子4包括网民对机器人成为对话伙伴，和人交谈或听人说话的接受意愿；网民对机器人和人住在一起，成为朋友或家庭成员的接受意愿。

笔者结合社会机器人社交性、社会角色、机器人性能等方面的研究将四个因子分别命名为网民对社会机器人作为工具代理者的接受意愿、网民对社会机器人作为专业技能者的接受意愿、网民对社会机器人作为提供健康关爱和看护老人及儿童的家庭看护者的接受意愿、网民对社会机器人作为朋友般的家庭成员的接受意愿。

因子分析的检验结果表明，其KMO值为0.826，巴特利特球形检验显著，假设检验通过，表明适合进行因子分析。在机器人不同社会职责的接受度中，因子的载荷均大于0.5，累计方差贡献率为67.33%，见表6.3。

表6.3　网民对社会机器人四类社会角色接受意愿的因子分析

变　量	因　子				
	因子1：工具代理者	因子2：专业技能者	因子3：家庭看护者	因子4：家庭成员	共同性
机器人提供新闻、天气等信息	0.820	—	—	—	0.680
机器人提供娱乐服务，如播放音乐、玩游戏等	0.788	—	—	—	0.682
机器人担任个人助理，管理日程	0.665	—	—	—	0.541
机器人帮助遛狗	—	—	0.862	—	0.786
机器人帮助照顾老人、孩子	—	—	0.705	—	0.657
机器人担任老师，提供教育辅导	—	0.652	—	—	0.598
机器人提供餐饮、出行等服务	—	0.842	—	—	0.738
机器人进入工作岗位，成为人类的同事	—	0.609	—	—	0.641
机器人成为对话伙伴，和人交谈或听人说话	—	—	—	0.678	0.701

续表

变　量	因　子				
	因子 1：工具代理者	因子 2：专业技能者	因子 3：家庭看护者	因子 4：家庭成员	共同性
机器人和人住在一起，成为朋友或家庭成员	—	—	—	0.729	0.708
特征值	3.510	1.542	0.904	0.776	—
解释变异量	35.10%	15.42%	9.04%	7.76%	—
累积解释变异量	35.10%	50.52%	59.56%	67.33%	—

既往的研究显示，社会机器人在社会中承担的角色及具体的工作情境也是影响人们对其态度的因素。基于以上因子分析，在下面的分析中将网民对社会机器人四类社会角色的接受意愿作为因变量，将因变量操作化为四个具体变量，即网民对社会机器人作为工具代理者的接受意愿、网民对社会机器人作为专业技能者的接受意愿、网民对社会机器人作为家庭看护者的接受意愿、网民对社会机器人作为家庭成员的接受意愿。前文的每一个假设将分别被细化为四个假设，即 H*n* 被细化为 H*n*a、H*n*b、H*n*c、H*n*d。细化后的研究假设如图 6.2、图 6.3 所示。

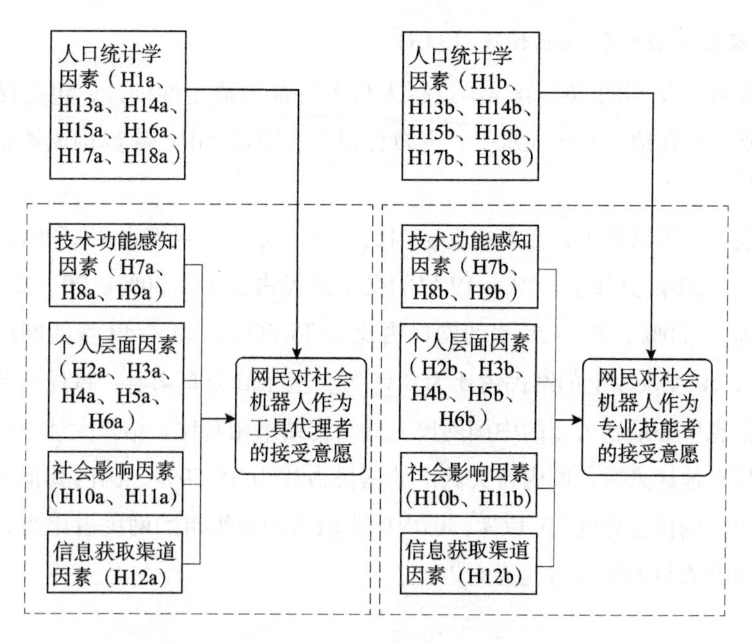

图 6.2　网民对社会机器人作为工具代理者、专业技能者的接受意愿研究假设

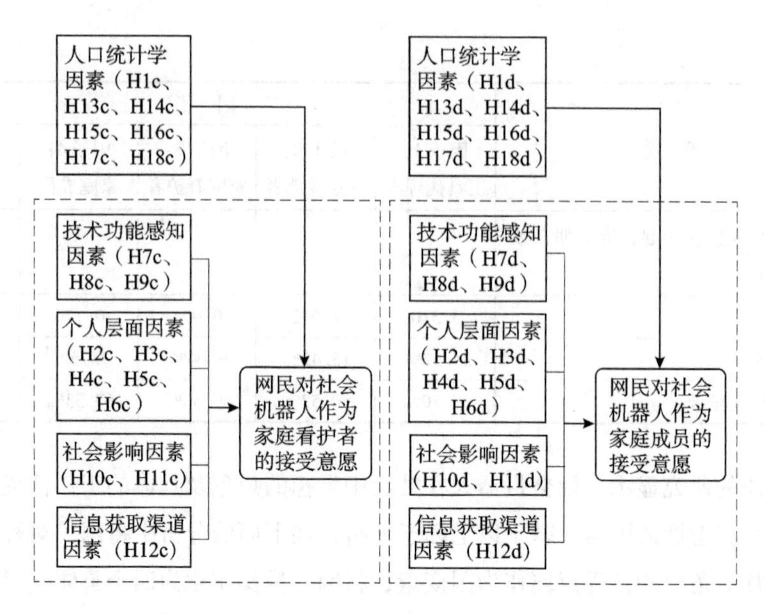

图 6.3　网民对社会机器人作为家庭看护者、家庭成员的接受意愿研究假设

6.2.3　自变量的描述性统计

1. 网民人口学特征的描述性统计

首先对收集到的 769 个样本进行人口学特征的描述性统计，包括样本的年龄、性别、所在地区、收入水平、受教育程度、婚恋状况、家庭构成类型等分布状况，见表 6.4。

由表 6.4 可以看出，样本中受访网民的性别分布上男性占 47.59%，女性占 52.41%。在年龄分布上，10 ～ 19 岁的受访网民占比为 1.20%；20 ～ 29 岁的网民占比为 34.30%；30 ～ 39 岁的网民占比为 36.50%；40 ～ 49 岁的网民占比为 20.00%；50 岁及以上的网民占比为 8.00%。从年龄分布来看，将样本与中国互联网络信息中心最新公布的中国网民人口结构结果相对比，结果大体一致[50]。

从所在地区来看，国内特大城市的网民占比为 35.50%，国内其他大城市如省会城市的网民占比为 30.17%，国内中小城市如地级市的网民占比为 28.09%，来自乡镇及农村的网民占比为 6.24%。

表6.4　受访样本的人口学特征描述性统计

项目	样本的人口学特征	占比/%
性别	男	47.59
	女	52.41
年龄	20岁以下	1.20
	20～29岁	34.30
	30～39岁	36.50
	40～49岁	20.00
	50岁及以上	8.00
所在地区	国内特大城市	35.50
	国内其他大城市（如省会城市）	30.17
	国内中小城市（如地级市）	28.09
	乡镇及农村	6.24
受教育程度	初中及以下	2.86
	高中、技校、中专	8.20
	大专	14.04
	大学本科	62.68
	研究生及以上	12.22

从受教育程度来看，初中及以下学历的网民占比为2.86%，高中、技校、中专学历的网民占比为8.20%，大专学历的网民占比为14.04%，大学本科学历的网民占比为62.68%，研究生及以上学历的网民占比为12.22%。因为使用社会机器人需要具备一定的计算机知识和理解能力，受过高等教育的人比较容易接受，所以调查样本的学历分布朝高学历方向偏移是合理的。

2. 自变量的描述性统计

对自变量的描述性统计分析包括计算均值和标准差，并得出某个变量的平均指标。变量用6.1.5节列出的问卷操作化量表测量，部分问题选项采取李克特五级量表打分，1分为对社会机器人带来的风险表示非常不同意，5分为对社会机器人带来的风险表示非常同意。均值越大，同意度越高；标准差越大，表明个体选择的差异越大。部分问题选项采用“是”或“不是”的二分选项，1表示“是”，0表示“不是”，统计结果见表6.5。

表 6.5　自变量的均值和标准差（$N=769$）

自变量	均值	标准差
个人创新性	4.07	0.934
个人对科技的兴趣	3.48	0.995
感知流行性	3.70	1.056
网络互动频率	3.4	1.034
机器人影视文化消费	3.27	1.141
人际传播为相关信息获取渠道	0.24	0.425
社交媒体为相关信息获取渠道	0.42	0.494
社群影响	1.38	0.479
感知有用性	3.62	0.786
感知风险性	3.45	0.875
感知易用性	3.30	1.028
隐私顾虑	3.85	1.244

6.3　社会机器人作为工具代理者的接受意愿影响因素

为了回答第 2 章 2.5 节提出的第二类具体研究的问题，即人口学变量、技术层面因素、个人层面因素、社群因素是否会对网民对社会机器人的接受意愿产生影响，本节将采用逻辑回归、独立样本 t 检验、单因素方差分析等检验方法对各类自变量对网民对社会机器人的接受意愿的影响进行分析。

6.3.1　数据分析路径

将所有自变量进行贡献性检验，结果显示，方差膨胀因子在 3 以内，显示不存在多重共线性。方差膨胀因子（variance inflation factor，VIF）是指解释变量之间存在多重共线性时的方差与不存在多重共线性时的方差之比，是容忍度的倒数。VIF 越大，共线性越严重。经验判断方法表明，当 $0<\text{VIF}<10$ 时，不存在多重共线性；当 $10\leqslant\text{VIF}<100$ 时，存在较强的多重共线性；当 $\text{VIF}\geqslant100$ 时，存在严重的多重共线性。

为了回答第 2 章提出的问题，将对数据作进一步的分析。第一步，将个人层面因素、机器人层面的功能因素、社会影响因素、信息获取渠道四方面的自变量与因变量，即网民对社会机器人承担不同社会角色的接受度放入逻辑回归模型中进行分析。

为了更全面地分析人口学因素对网民对社会机器人接受意愿的影响，在第二步中，将人口统计学变量与网民对社会机器人承担四类社会角色的接受度通过独立样本 t 检验、ANOVA 单因素分析、相关分析等方法进行检验分析。

具体的研究路径如图 6.4 所示。

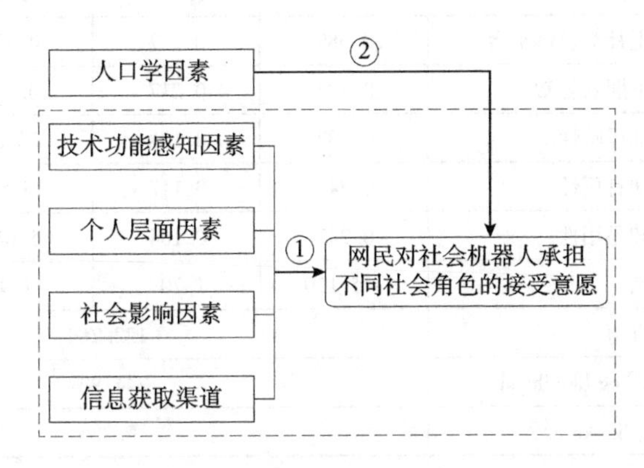

图 6.4　网民对社会机器人接受意愿影响因素的研究路径

6.3.2　社会机器人作为工具代理者的接受意愿的逻辑回归分析

通过建构逻辑回归模型来检验假设，以分析各自变量对网民对社会机器人承担不同社会角色的接受意愿的影响。将人口统计学变量（年龄、性别、所在地区、收入水平、受教育程度、婚恋状况、家庭构成类型）、隐私顾虑、个人特质（个人创新性、个人对科技的兴趣）、网络互动频率、机器人相关影视文化消费、对机器人的感知（感知有用性、感知流行性、感知风险性、感知易用性）、社群影响、传播渠道作为自变量纳入模型。

将网民对社会机器人作为工具代理者的接受意愿转变为是否接受社会机器人成为工具代理者，并作为因变量（重编码“1” ＝接受，“0” ＝不接受）。由于该变量是一个分类变量，采用逻辑回归模型进行分析，结果见表 6.6。

表6.6 社会机器人作为工具代理者的接受意愿的逻辑回归分析结果（$N=769$）

自变量	变量名称	回归系数 B	标准误	Wald 统计量	exp(B)
个人层面因素	个人创新性	0.082	0.122	0.046	1.086
	个人对科技的兴趣	0.114	0.11	1.066	1.121
	隐私顾虑	0.016	0.081	0.038	1.016
	网络互动频率	0.069	0.105	0.425	1.071
	机器人影视文化消费	-0.056	0.089	0.394	0.945
社会影响	社群因素	0.421	0.209	4.041	0.656 *
	感知流行性	0.101	0.096	1.117	1.106
信息获取常用渠道	线上社交媒体平台	0.089	0.187	0.227	1.093
	线下朋友告知	0.193	0.217	0.792	1.213
对机器人的感知	感知风险性	0.487	0.108	20.26	1.627 ***
	感知有用性	0.444	0.112	15.596	1.559 ***
	感知易用性	0.247	0.104	5.615	1.28 *
逻辑回归数据分析	常数	-5.119	1.209	17.928	0.006
	卡方值	122.264			
	-2 Log likelihood	744.927			
	Nagelkerke R^2	0.236			

* 代表显著性水平 <0.05，*** 代表显著性水平 <0.001。

借由模型的建构，可以得到接受社会机器人作为工具代理者的比例（p）与自变量之间的关系，其公式如下，并经由数据验证，得到其准确率为72%，有较高的准确率。整个模型在统计学上也是显著的（$p<0.001$）。

$$\ln\left(\frac{p}{1-p}\right)=0.487\times\text{感知风险性}+0.444\times\text{感知有用性}+0.247\times\text{感知易用性}+0.421\times\text{社群因素}-5.119$$

进一步转换，网民对社会机器人作为工具代理者的接受比例

$$p=\left[1+e^{-(0.487\times\text{感知风险性}+0.444\times\text{感知有用}+0.247\times\text{感知易用性}+0.421\times\text{社群因素}-5.119)}\right]^{-1}$$

因此，假设H7a、H8a、H9a成立。

从回归模型中可以发现，自变量中对社会机器人的有用性感知、风险性感知、易用性感知正向影响着网民对社会机器人作为工具代理者的接受意愿。通过模型建构可以了解到，对社会机器人的易用性感知程度越高的网民，越愿意接受社会机器人作为工具代理者，扮演简单的帮手的角色。对社会机器人的有用性感

知程度越高的网民，越愿意接受社会机器人作为工具代理者，扮演简单的帮手的角色。此外，值得注意的是，对社会机器人的风险性感知程度越高的人，越有可能对社会机器人在执行程序性的简单工作任务之外有更多的抵触和戒备心理，并加深和固化了社会机器人的工具属性和单一角色，因此对社会机器人作为工具代理者的接受意愿较高。

6.3.3　人口统计学变量与社会机器人作为工具代理者的接受意愿

本小节将分析人口统计学变量（年龄、性别、所在地区、收入水平、受教育程度、婚恋状况、家庭构成类型）对网民对社会机器人作为工具代理者的接受意愿的影响。

1. 年龄与社会机器人作为工具代理者的接受意愿

将不同年龄段的网民群体对社会机器人作为工具代理者的接受意愿进行单因素方差分析，分析组间与组内差异（表6.7）。通过方差分析发现，对于社会机器人作为工具代理者的接受意愿在不同年龄段的网民群体之间存在差异，方差齐性检验（表6.8）结果为方差相等（sig.>0.05）。采用LSD进行事后检验，结果见表6.9。不同年龄段的群体对社会机器人作为工具代理者的接受意愿的均值描述见表6.10。

表6.7　不同年龄段的群体对社会机器人作为工具代理者的接受意愿的单因素方差分析

因变量	自变量	平方和	df	均方	F	显著性
社会机器人作为工具代理者的接受意愿	组间	14.660	3	4.887	4.965	0.002**
	组内	749.007	761	0.984	—	—
	样本总数	763.667	764	—	—	—

** 代表显著性水平 < 0.01。

表6.8　不同年龄段的群体对社会机器人作为工具代理者的接受意愿的方差齐性检验

因变量	Levene 统计量	df1	df2	显著性
社会机器人作为工具代理者的接受意愿	2.380	3	761	0.068

表6.9　不同年龄段的群体对社会机器人作为工具代理者的接受意愿的事后检验

年龄（I）	年龄（J）	均值差（I－J）	标准误	显著性	95%置信区间	
					下限	上限
25岁以下	25～34岁	0.167 70	0.107	0.119	－0.043	0.378
	35～44岁	0.201 97	0.114	0.078	－0.022	0.426
25～34岁	35～44岁	0.034 26	0.088	0.697	－0.138	0.207
45岁及以上	25岁以下	－0.484 75*	0.129	0.000	－0.738	－0.231
	25～34岁	－0.317 04*	0.107	0.003	－0.526	－0.108
	35～44岁	－0.282 78*	0.114	0.013	－0.506	－0.060

*表示均值差的显著性水平为0.05。

表6.10　不同年龄段的群体对社会机器人作为工具代理者的接受意愿的均值描述

因变量	年龄	N	均值	标准差	标准误	95% 置信区间		极小值	极大值
						下限	上限		
社会机器人作为工具代理者的接受意愿	25岁以下	117	0.198	0.899	0.083	0.033	0.363	－2.433	1.918
	25～34岁	317	0.030	0.975	0.054	－0.077	0.138	－4.108	1.570
	35～44岁	212	－0.004	0.965	0.066	－0.134	0.127	－3.910	1.866
	45岁及以上	123	－0.287	1.158	0.106	－0.497	－0.076	－3.910	1.866
	样本总数	769	－0.003	1.000	0.036	－0.074	0.068	－4.108	1.918

通过以上检验分析发现，45岁及以上的人群对社会机器人作为工具代理者的接受意愿与其他年龄段相比有显著差异，45岁及以上人群对社会机器人作为工具代理者的接受意愿比其他年龄层低。

因此，H13a假设成立。

2. *受教育程度与社会机器人作为工具代理者的接受意愿*

将不同受教育程度的网民对社会机器人作为工具代理者的接受意愿进行单因素方差分析，分析组间与组内差异。结果显示，不同受教育程度的网民群体对社会机器人作为工具代理者的接受意愿存在差异，见表6.11。进行方差齐性检验（表6.12），发现方差不等（sig.＜0.05）。采用Tamhane T2进行事后比较，结果见表6.13。不同受教育程度的网民对社会机器人作为工具代理者的接受意愿的均值描述见表6.14。

表 6.11　不同受教育程度的网民对社会机器人作为工具代理者的接受意愿的单因素方差分析

因变量	自变量	平方和	df	均方	F	显著性
社会机器人作为工具代理者的接受意愿	组间	13. 298	4	3. 324	3. 365	0. 010
	组内	754. 702	764	0. 988	—	—
	样本总数	768. 000	768	—	—	—

表 6.12　不同受教育程度的网民对社会机器人作为工具代理者的接受意愿的方差齐性检验

因变量	Levene 统计量	df1	df2	显著性
社会机器人作为工具代理者的接受意愿	6. 151	4	764	0. 000

表 6.13　不同受教育程度的网民对社会机器人作为工具代理者的接受意愿的事后检验

因变量	受教育程度 (I)	受教育程度 (J)	均值差 (I－J)	标准误	显著性	95% 置信区间	
						下限	上限
社会机器人作为工具代理者的接受意愿	初中及以下	高中、技校、中专	0. 164 35	0. 314	1. 000	－0. 769	1. 097
		大专	0. 049 63	0. 283	1. 000	－0. 816	0. 916
		大学本科	－0. 105 73	0. 271	1. 000	－0. 947	0. 736
		研究生及以上	－0. 359 32	0. 286	0. 916	－1. 230	0. 511
	高中、技校、中专	大专	－0. 114 72	0. 189	1. 000	－0. 657	0. 427
		大学本科	－0. 270 09	0. 170	0. 711	－0. 761	0. 221
		研究生及以上	－0. 523 68	0. 193	0. 075	－1. 075	0. 028
	大专	大学本科	－0. 155 37	0. 103	0. 764	－0. 448	0. 138
		研究生及以上	－0. 408 96 *	0. 138	0. 034	－0. 799	－0. 018
	大学本科	研究生及以上	－0. 253 59	0. 109	0. 202	－0. 566	0. 058

* 表示均值差的显著性水平为 0. 05。

检验结果显示，在社会机器人工具性的接受度上，大专学历与研究生及以上学历的人群存在差异。由表 6. 14 可知，研究生及以上学历的人群对机器人的工具性的接受度高于大专学历人群，这说明高学历人群更愿意将机器人当作工具代理者，让其扮演简单的帮手的角色。

因此，假设 H15a 成立。

表 6.14　不同受教育程度的网民对社会机器人作为工具代理者的接受意愿的均值描述

因变量	受教育程度	N	均值	标准差	标准误	均值 95% 置信区间		极小值	极大值
						下限	上限		
社会机器人作为工具代理者的接受意愿	大专	108	-0.139	0.977	0.094	-0.326	0.047	-2.587	1.733
	研究生及以上	94	0.269	0.979	0.101	0.069	0.470	-3.910	1.918
	样本总数	769	0.000	1.000	0.036	-0.071	0.071	-4.108	1.918

综上所述，影响网民对社会机器人作为工具代理者的接受意愿的人口统计学因素有年龄、受教育程度。45 岁及以上的人群对机器人作为工具代理者替代人执行家庭日常生活中的简单任务的接受度较低。由于技术更新换代较快，年龄较大的群体对于由技术产品代替人从事简单的工作的接受度较低，其对技术的快速掌握程度比不上年轻群体。可以认为，45 岁以下、高学历群体对机器人作为工具代理者的接受度较高。

可见，影响网民对社会机器人作为工具代理者的接受意愿的因素有年龄、受教育程度、感知有用性、感知易用性、感知风险性。因此，结合 6.3.2 小节的分析结果，假设 H7a、H8a、H9a、H13a、H15a 成立。社会机器人作为工具代理者的接受意愿的影响因素整理分析见表 6.15。

表 6.15　社会机器人作为工具代理者的接受意愿的影响因素总结

影响因素	因变量：社会机器人作为工具代理者的接受意愿	假设检验结果
人口学变量	年龄：45 岁及以上人群显著低于 45 岁以下人群	H13a 成立
	受教育程度：研究生及以上学历的人群高于大专学历的人群	H15a 成立
功能感知	感知风险性：认为社会机器人风险性越高，接受意愿越高	H9a 不成立
	感知易用性：认为社会机器人易用性越高，接受意愿越高	H8a 成立
	感知有用性：认为社会机器人有用性越高，接受意愿越高	H7a 成立

6.4　社会机器人作为专业技能者的接受意愿影响因素

本节将根据以下研究路径对网民对社会机器人作为专业技能者的接受意愿的

影响因素进行分析：首先，将个人层面的因素、机器人层面的功能因素、社会影响因素、信息获取渠道四方面的自变量与因变量（网民对社会机器人作为专业技能者的接受意愿）放入逻辑回归模型中进行分析。然后，将人口统计学变量与网民对社会机器人作为专业技能者的接受意愿通过独立样本 t 检验、单因素方差分析、相关分析等进行检验分析。

6.4.1　社会机器人作为专业技能者的接受意愿的逻辑回归分析

将网民对社会机器人作为专业技能者的接受意愿转变为是否接受社会机器人作为专业技能者，并作为因变量（重编码“1” = 接受，“0” = 不接受）。由于该变量是一个分类变量，采用逻辑回归模型进行分析，结果见表6.16。

表6.16　网民是否接受社会机器人成为专业技能者与自变量的逻辑回归结果（N=769）

自变量	变量名称	回归系数 B	标准误	Wald 统计量	exp(B)
个人层面因素	个人创新性	-0.062	0.118	0.274	0.940
	个人对科技的兴趣	-0.002	0.108	0	0.998
	隐私顾虑	-0.326	0.078	17.328	0.722***
	网络互动频率	0.125	0.101	1.526	1.133
	机器人影视文化消费	0.188	0.088	4.639	1.207*
社会影响	社群因素	0.377	0.192	3.873	0.686*
	感知流行性	0.029	0.125	0.055	1.030
信息获取常用渠道	线下朋友告知	0.421	0.211	4.003	1.524*
	线上社交媒体平台	-0.137	0.182	0.565	0.872
对机器人的感知	感知风险性	-0.320	0.103	9.646	0.726**
	感知有用性	0.211	0.132	2.551	1.235
	感知易用性	0.202	0.104	3.801	1.224*
逻辑回归数据分析	常数	-1.077	1.067	1.019	0.341
	卡方值	88.722			
	-2 Log likelihood	783.364			
	Nagelkerke R^2	0.175			

* 代表显著性水平 <0.05，** 代表显著性水平 <0.01，*** 代表显著性水平 <0.001。

通过构建模型，可以得到接受社会机器人成为专业技能者的比例（p）与自变量之间的关系，其公式如下，并经由数据验证，得到其准确率为66.8%，有较高的准确率。整个模型在统计学上是显著的（$p<0.01$）。

$$\ln\left(\frac{p}{1-p}\right)=0.188\times 机器人相关影视文化消费+0.202\times 感知易用性+0.377\times 社群因素+0.421\times 人际传播渠道-0.32\times 感知风险性-0.326\times 隐私顾虑-1.077$$

进一步转换，网民对社会机器人作为专业技能者的接受比例

$$p=\left[1+e^{-(0.188\times 机器人相关影视文化消费+0.202\times 感知易用性+0.377\times 社群因素)}\cdot e^{-(0.421\times 人际传播渠道-0.32\times 感知风险性-0.326\times 隐私顾虑-1.077)}\right]^{-1}$$

从回归模型中可以发现，自变量中的机器人相关影视文化消费、感知易用性、社群因素、人际传播信息获取渠道正向影响着网民对社会机器人作为家庭教育等服务型技能者的接受意愿，因此假设 H3b、H8b、H11b、H12b 成立；而网民对社会机器人的风险性感知、网民的隐私顾虑则负向影响其对社会机器人作为专业技能者的接受意愿，因此假设 H2b、H9b 成立。

综上，假设 H2b、H3b、H8b、H9b、H11b、H12b 成立。

6.4.2 人口统计学变量与社会机器人作为专业技能者的接受意愿

1. 年龄与网民对社会机器人作为专业技能者的接受意愿

将不同年龄段的人群与网民对社会机器人作为专业技能者的接受意愿进行单因素方差分析，分析不同年龄段的组间与组内差异。由方差分析发现，不同年龄段的群体对于社会机器人作为专业技能者的接受意愿在组间存在差异，见表 6.17。方差齐性检验（表 6.18）结果为方差相等（sig. >0.05）。采用 LSD 进行事后检验，结果见表 6.19。不同年龄段的群体对社会机器人作为专业技能者接受意愿的均值描述见表 6.20。

表 6.17 不同年龄段的群体对社会机器人作为专业技能者的接受意愿的单因素方差分析

因变量	自变量	平方和	df	均方	F	显著性水平
对社会机器人作为专业技能者的接受意愿	组间	45.583	4	11.396	12.165	0.000
	组内	711.962	760	0.937	—	—
	样本总数	757.545	764	—	—	—

表6.18　不同年龄段的群体对社会机器人作为专业技能者的接受意愿的方差齐性检验

因变量	Levene 统计量	df1	df2	显著性水平
对社会机器人作为专业技能者的接受意愿	0.206	4	760	0.935

表6.19　不同年龄段的群体对社会机器人作为专业技能者的接受意愿的事后检验

因变量	年龄（I）	年龄（J）	均值差（$I-J$）	标准误	显著性	95%置信区间	
						下限	上限
对社会机器人作为专业技能者的接受意愿	20岁以下	20～29岁	-0.919 42*	0.195	0.000	-1.302	-0.536
		30～39岁	-1.202 89*	0.195	0.000	-1.586	-0.819
		40～49岁	-1.119 59*	0.203	0.000	-1.519	-0.720
		50岁及以上	-1.339 31*	0.232	0.000	-1.794	-0.884
	20～29岁	30～39岁	-0.283 47*	0.083	0.001	-0.446	-0.121
		40～49岁	-0.200 17*	0.099	0.046	-0.396	-0.004
		50岁及以上	-0.419 89*	0.150	0.005	-0.714	-0.126
	30～39岁	40～49岁	0.083 30	0.101	0.410	-0.115	0.282
		50岁及以上	-0.136 42	0.150	0.365	-0.432	0.159
	40～49岁	50岁及以上	-0.219 72	0.160	0.172	-0.535	0.095

*表示均值差的显著性水平为0.05。

表6.20　不同年龄段的群体对社会机器人作为专业技能者接受意愿的均值描述

因变量	年龄	均值	标准差	标准误	均值95%置信区间		极小值	极大值
					下限	上限		
对社会机器人作为专业技能者的接受意愿	20岁以下	-1.050	0.967	0.186	-1.433	-0.669	-2.769	0.952
	20～29岁	-0.131	0.954	0.056	-0.242	-0.019	-2.032	2.521
	30～39岁	0.152	0.978	0.060	0.0339	0.270	-1.981	2.546
	40～49岁	0.069	0.950	0.080	-0.090	0.227	-2.546	2.477
	50岁及以上	0.288	1.040	0.148	-0.010	0.587	-2.109	2.589
	样本总数	-0.002	0.996	0.036	-0.072	0.068	-2.769	2.589

从事后检验和均值描述来看，相比于其他年龄段的群体，25岁以下的人群更加不愿意接受机器人作为技能服务者。

由上文的分析可以得出以下结论：

第一，20～29岁人群对社会机器人作为专业技能者的接受意愿与其他年龄段的人群相比存在显著差异。从均值来看，20～29岁人群对社会机器人作为专业技能者的接受意愿是最低的，且显著低于其他年龄段人群。

第二，20岁以下人群与20～29岁人群、30～39岁人群、40～49岁人群、50岁及以上人群均存在差异。从均值来看，20岁以下人群的接受意愿显著低于30岁以上人群，20岁以下人群的接受意愿高于20～29岁人群。

第三，30岁及以上人群对社会机器人作为专业技能者的接受意愿显著高于30岁以下人群。

由此可见，20～29岁的年轻群体对社会机器人作为专业技能者、在社会中承担技能型工作的接受意愿最低，30岁及以上群体对社会机器人作为专业技能者的接受意愿较高。

因此，假设H13b成立。

2. 性别与网民对社会机器人作为专业技能者的接受意愿

将性别与网民对社会机器人作为专业技能者的接受意愿进行独立样本t检验，检验结果显示，在机器人作为专业技能者的接受意愿上组间是存在差异的，即男性对社会机器人作为专业技能者的接受意愿高于女性。检验结果见表6.21。

因此，假设H14b成立。

表6.21 性别与网民对社会机器人作为专业技能者的接受意愿的独立样本t检验

因变量	性别	均值	标准差	t值	sig.（双侧）
对社会机器人作为专业技能者的接受意愿	男性	0.150	1.000	3.995	0.000***
	女性	-0.136	0.981		

*** 代表显著性水平 <0.001。

3. 婚姻状况与网民对社会机器人作为专业技能者的接受意愿

为了研究婚姻状况是否对网民对社会机器人作为专业技能者的接受意愿有影响，把婚姻状况转换为一个新的变量（“1” =已婚，“0” =未婚/单身）。独立样本t检验结果显示，已婚群体对社会机器人作为专业技能者的接受意愿高于未婚群体，见表6.22。

因此，假设H16b成立。

表6.22 婚姻状况与社会机器人作为专业技能者的接受意愿的独立样本 t 检验

因变量	婚姻状况	均值	标准差	t 值	sig.(双侧)
对社会机器人作为专业技能者的接受意愿	未婚	-0.175	1.025	-3.234	0.001***
	已婚	0.076	0.979		

*** 代表显著性水平 <0.001。

4. 家庭构成类型与网民对社会机器人作为专业技能者的接受意愿

将家庭中有没有儿童作为一个二分变量，1表示家中有儿童，0表示家中无儿童。将其与社会机器人作为专业技能者的接受意愿进行独立样本 t 检验，见表6.23。

表6.23 家庭构成类型与社会机器人作为专业技能者的接受意愿的独立样本 t 检验

因变量	家庭中有无儿童	均值	标准差	t 值	sig.(双侧)
社会机器人作为专业技能者的接受意愿	家庭中无儿童	-0.148	1.024	-2.595	0.010**
	家庭中有儿童	0.061	0.978		

** 代表显著性水平 <0.01。

结果显示，家中有儿童与无儿童的群体对社会机器人作为专业技能者的接受意愿存在差异，家庭中有儿童的群体对社会机器人作为专业技能者的接受意愿更高。

因此，假设H1b成立。

5. 收入水平与网民对社会机器人作为专业技能者的接受意愿

将收入水平与网民对社会机器人作为专业技能者的接受意愿进行相关性分析。结果显示，收入越高的人对社会机器人作为专业技能者的接受意愿越高，见表6.24。

因此，假设H17b成立。

表6.24 收入水平与网民对社会机器人作为专业技能者的接受意愿的相关性分析

自变量	相关性分析	社会机器人作为专业技能者的接受意愿
收入水平	Pearson 相关性	0.139**
	显著性（双侧）	0.000

** 表示在0.01的水平（双侧）上显著相关。

6. 居住地区与网民对社会机器人作为专业技能者的接受意愿

将居住在不同地区的人群对社会机器人作为专业技能者的接受意愿进行单因素方差分析，分析组间与组内差异。分析结果显示，居住在不同地区的人群对社会机器人作为专业技能者的接受意愿在组间存在差异，见表6.25。方差齐性检验（表6.26）结果为方差相等（sig. >0.05）。采用LSD进行事后比较，结果见表6.27。居住在不同地区的网民对社会机器人作为专业技能者的接受意愿的均值描述见表6.28。

表6.25　居住地区对网民对社会机器人作为专业技能者的接受意愿的单因素方差分析

自变量	平方和	df	均方	F	显著性
组间	6.055	2	3.028	3.090	0.046
组内	538.947	550	0.980	—	—
总数	545.002	552	—	—	—

表6.26　居住地区对网民对社会机器人作为专业技能者的接受意愿的方差齐性检验

Levene 统计量	df1	df2	显著性水平
1.866	2	550	0.156

表6.27　网民对社会机器人作为专业技能者的接受意愿的事后检验

居住地区（I）	居住地区（J）	均值差（$I-J$）	标准误	显著性	95%置信区间	
					下限	上限
中小城市及乡镇	国内其他大城市（如省会城市）	-0.256 30	0.157	0.103	-0.565	0.052
	国内特大城市	-0.054 55	0.155	0.725	-0.359	0.250
国内其他大城市（如省会城市）	国内特大城市	0.201 75*	0.088	0.023	0.028	0.375

*表示均值差的显著性水平为0.05。

表6.28　网民对社会机器人作为专业技能者的接受意愿的均值描述

居住地区	均值	标准差	标准误	均值95%置信区间		极小值	极大值
				下限	上限		
中小城市及乡镇	-0.113	1.156	0.167	-0.449	0.223	-2.547	2.020
国内其他大城市（如省会城市）	0.143	0.951	0.062	0.020	0.266	-2.109	2.546
国内特大城市	-0.058	0.991	0.060	-0.176	0.059	-2.314	2.458
样本总数	0.021	0.994	0.042	-0.061	0.104	-2.547	2.546

通过事后检验和均值比较发现，居住在一线城市（国内特大城市，包括北京、上海、广州、深圳）的人群对社会机器人作为专业技能者的接受意愿高于居住在二线城市（国内其他大城市）的人群。

因此，假设H18b成立。

综上所述，影响网民对社会机器人作为专业技能者的人口学变量有年龄、性别、婚姻状况、家庭构成类型、收入水平、居住地区六个因素。

从年龄来看，20～29岁人群的接受意愿最低，30岁及以上人群接受意愿普遍较高，老年人群体接受意愿最高。这可能是因为，20～29岁的人群刚刚离开校园，面临着求职、职场生存和竞争的压力，在职场上因为资历较浅，一般从事简单的技能性工作。近年来，机器人威胁工作岗位的报道屡见报端。随着技术的进步，机器人能更快、更高质量地完成工作，这对许多简单的技能型工作岗位造成了冲击。许多不需要高超技能的工作岗位因为自动化机器人将取代人。

年龄稍大的人群可能处于相对核心的职位和承担比较重要的工作职责，因此更愿意把教育、健康、餐饮等服务技能性工作交给机器人完成，自己有更多的时间拓展其他技能。年龄稍大的人群一般都组建了家庭，工作与生活的平衡使得他们愿意借助技术更好地实现对工作与生活投入的时间和精力的均衡。

从性别来看，男性对社会机器人作为专业技能者的接受度高于女性。从婚姻状况来看，已婚群体的接受度高于未婚群体。从家庭构成类型来看，家庭环境中有儿童的群体的接受度显著高于没有儿童的群体。从收入水平来看，收入越高的群体接受意愿越高。一线城市人群的接受意愿显著高于二线城市人群。

根据以上检验结果可以推测，已婚已育、生活在一线城市、收入较高的30岁以上的男性群体对社会机器人作为专业技能者的接受意愿较高。

将影响网民对社会机器人作为专业技能者的因素进行整理，见表6.29。

表6.29　对社会机器人作为专业技能者的接受意愿的影响因素总结

自变量	因变量：对社会机器人作为专业技能者的接受意愿	假设检验结果
人口统计学变量	年龄：21～29岁人群接受意愿最低；30岁及以上人群接受意愿高于30岁以下人群	H13b成立
	婚姻状况：已婚群体的接受意愿高于未婚群体	H16b成立
	性别：男性的接受意愿高于女性	H14b成立
	家庭构成类型：家中有儿童群体的接受意愿高于家中无儿童群体	H1b成立

续表

自变量	因变量：对社会机器人作为专业技能者的接受意愿	假设检验结果
人口统计学变量	收入越高，接受意愿越高	H17b 成立
	所在地区：一线城市人群接受意愿高于二线城市人群	H18b 成立
个人因素	隐私顾虑：顾虑程度越高，接受意愿越低	H2b 成立
	机器人影视文化消费：对社会机器人影视文化关注越多，接受意愿越高	H3b 成立
技术因素	感知风险性：认为社会机器人风险性较高的群体接受意愿较低	H9b 成立
	感知易用性：认为社会机器人易用性较高的群体接受意愿较高	H8b 成立
信息获取渠道	常通过人际传播渠道获取机器人信息的人群接受意愿更高	H12b 成立
社群因素	社群中有朋友推荐机器人资讯的，接受意愿更高	H11b 成立

社群影响和信息传播渠道对人们是否接受社会机器人走上服务技能型工作岗位影响较大。个人的社会关系网络中有朋友主动给自己转发、推荐机器人相关信息的人比社群中朋友不转发、不推荐相关信息的人，接受机器人承担服务技能型工作的比例更高。越依赖于人际传播渠道获取机器人最新资讯的人，接受机器人成为专业工作者的比例越高。

在深度访谈中，受访者对于机器人逐渐走上服务技能型工作岗位提出了不同的看法。一部分受访者对此表示忧虑和“不太接受”，表示对目前看不到的、隐形的人工智能算法系统对工作环节和流程的渗透，以及由此带来的对工作技能的高要求有压力，如：“因为不可否认的是，机器人肯定会带来低端就业岗位的减少，而且对员工的要求提高了。仅仅有原先的技能是不够的，因为原来的工作内容机器人或者说 AI（人工智能）会而且做得更好，所以作为员工要不断地学习。我认为有这方面的压力”（8 号）；“机器人成为我的同事会有点吓人，我会感觉有工作压力，觉得它会取代我。因为一个机器人能顶替好几个人，干活也快”（9 号）；“如果机器人和我一起工作，真有点儿不适应，感觉工作还是比较严肃的事情”（11 号）。

半数受访者对社会机器人走上服务技能型工作岗位表示接受，尤其是对机器人进入教育、健康、餐饮、出行等领域表示期待：“机器人会辅助人工作，提高效率，它可以通过大数据分析帮助人找出最优的解决方案”（14 号）；“机器人体力劳动比人做得好，有些工作应该由机器人去做”（25 号）；“政务板块和医疗板块未来慢慢地会由机器人代替护士或者医生做一部分简单的工作”（27号）。

对机器人主题的影视作品消费较多的受访者则表示，影视作品中早已出现人和机器人一起工作的场景。机器人相关影视文化消费较多的人更加乐于接受社会机器人成为自己的工作伙伴，对机器人承担这一社会角色并不感到陌生。在科幻电影作品中，社会机器人被包装成与人类一起对抗邪恶的人类的同伴，并具有强大的专业技术能力，如电影《超能陆战队》中的机器人大白，在《星际穿越》中服务于宇航员并提供智能化信息服务和进行信息处理的机器人 Tars 和 Kipp，《太空旅客》中的机器人酒保。

事实上，人们对技术变革会导致失业的担忧从工业革命以来就没有停止过，从亨利·福特开创汽车流水线开始，人类就开始了与机器的大规模协作。从长期来看，技术进步从未真正引起工作岗位的大幅减少或失业率的骤然上升，工业世界的物质积累和财富不断增长，就业市场在动态中保持相对稳定，自由市场能够解决因为生产力提升而出现的各种问题。历史经验表明，技术进步能够不断提高人均收入，延长人类的预期寿命，提升人们的生活水平。机器人和人工智能最重要的影响不是改变工作岗位的数量，而是改变人类的工作内容。

未来，机器将改变人和人相互关联的方式。当智能机器和大数据相结合，未来将属于那些了解网络影响，并能够围绕自己的产品和服务建立产业链的企业。随着机器人研发、运算能力和机器学习等技术的进步及相关政策的完善，机器人将越来越多地走上工作岗位。

6.5　社会机器人作为家庭看护者的接受意愿影响因素

本节研究路径如下：第一步，将个人层面因素、机器人技术因素、社会影响、信息获取渠道四方面自变量与因变量（网民对社会机器人作为家庭看护者的接受意愿）放入逻辑回归模型中进行分析。第二步，为了更全面地分析人口统计学因素的影响，将人口统计学变量与网民对社会机器人作为家庭看护者的接受度通过独立样本 t 检验、单因素方差分析、相关分析等进行分析。

6.5.1　社会机器人作为家庭看护者的接受意愿的逻辑回归分析

将网民对社会机器人作为家庭看护者的接受意愿转变为是否接受社会机器人成为家庭看护者，并作为因变量（重编码“1”＝接受，“0”＝不接受）。由于该变量是一个分类变量，采用逻辑回归分析，结果见表6.30。

表6.30　网民是否接受社会机器人成为家庭看护者与自变量的逻辑回归分析结果（$N=769$）

自变量	变量名称	回归系数B	标准误	Wald统计量	exp(B)
个人层面因素	个人创新性	0.062	0.114	0.295	1.064
	个人对科技的兴趣	-0.104	0.104	0.998	0.901
	隐私顾虑	-0.182	0.076	5.743	0.833*
	网络互动频率	0.054	0.135	0.162	1.056
	机器人影视文化消费	0.117	0.098	1.432	1.124
社会影响	社群因素	0.651	0.271	5.787	1.917*
	感知流行性	-0.072	0.090	0.628	0.931
信息获取常用渠道	线上社交媒体平台	0.103	0.233	0.195	1.108
	线下朋友告知	-0.107	0.269	0.157	0.899
对机器人的感知	感知风险性	-0.033	0.132	0.063	0.967
	感知有用性	0.007	0.133	0.003	1.007
	感知易用性	0.225	0.099	5.183	1.252*
逻辑回归数据分析	常数	-0.390	1.030	0.144	0.677
	卡方值	47.815			
	-2 Log likelihood	825.781			
	Nagelkerke R^2	0.097			

*代表显著性水平<0.05。

借由模型的建构，可以得到接受社会机器人作为家庭看护者的比例（p）与自变量之间的关系，其公式如下。经由数据验证，其准确率为63.6%，有较高的准确率。

$$\ln\left(\frac{p}{1-p}\right)=0.651\times\text{社群因素}+0.225\times\text{感知易用性}-0.182\times\text{隐私顾虑}-0.39$$

进一步转换，网民对社会机器人作为家庭看护者的接受比例

$$p=\left[1+e^{-(0.651\times\text{社群因素}+0.225\times\text{感知易用性}-0.182\times\text{隐私顾虑}-0.39)}\right]^{-1}$$

从回归模型中可以发现，自变量中网民对社会机器人的易用性感知、社群因素正向影响网民对社会机器人作为家庭看护者的接受意愿，而网民的隐私顾虑则负向影响对社会机器人作为家庭看护者的接受意愿。

6.5.2　人口统计学变量与社会机器人作为家庭看护者的接受意愿

1. 年龄与对社会机器人作为家庭看护者的接受意愿

对不同年龄段的人群对社会机器人作为家庭看护者的接受意愿进行单因素方差分析，分析组间与组内差异，分析结果见表6.31，可以发现网民对社会机器人作为家庭看护者的接受意愿在不同年龄段群体之间存在差异。方差齐性检验结果为方差相等（表6.32）。采用LSD进行事后检验，结果见表6.33。

表6.31　不同年龄段的人群对社会机器人作为家庭看护者的接受意愿分析

因变量	自变量	平方和	df	均方	F	显著性水平
对社会机器人作为家庭看护者的接受意愿	组间	19.081	5	3.816	2.417	0.035*
	组内	1198.23	759	1.579	—	—
	样本总数	1217.31	764	—	—	—

*代表显著性水平<0.05。

表6.32　不同年龄段的人群对社会机器人作为家庭看护者的接受意愿的方差齐性检验

Levene统计量	df1	df2	显著性水平
1.484	5	759	0.193

表6.33　不同年龄段的人群对社会机器人作为家庭看护者的接受意愿的事后检验

年龄（I）	年龄（J）	均值差（$I-J$）	标准误	显著性水平	95%置信区间	
					下限	上限
20岁以下	20～29岁	-0.400	0.253	0.114	-0.901	0.103
	30～39岁	-0.385	0.254	0.130	-0.882	0.115
	40～49岁	-0.564*	0.264	0.033	-1.080	-0.056
	50～59岁	-0.917*	0.311	0.003	-1.530	-0.313
	60岁及以上	-0.060	0.506	0.905	-1.050	0.937
20～29岁	30～39岁	0.015	0.107	0.890	-0.203	0.236
	40～49岁	-0.164	0.130	0.207	-0.424	0.092
	50～59岁	-0.517*	0.210	0.014	-0.935	-0.103
	60岁及以上	0.340	0.450	0.451	-0.546	1.220
30～39岁	40～49岁	-0.179	0.131	0.174	-0.442	0.084
	50～59岁	-0.532*	0.211	0.012	-0.954	-0.125
	60岁及以上	0.325	0.451	0.471	-0.565	1.210

续表

年龄（I）	年龄（J）	均值差（$I-J$）	标准误	显著性水平	95%置信区间	
					下限	上限
40～49岁	50～59岁	-0.353	0.223	0.114	-0.793	0.083
	60岁及以上	0.504	0.457	0.271	-0.392	1.400
50～59岁	60岁及以上	0.857	0.486	0.078	-0.103	1.810

* 表示均值差的显著性水平为0.05。

从表6.33均值差的显著性水平中发现：

1）50～59岁群体与20岁以下、20～29岁、30～39岁群体的接受意愿均有显著差异，50～59岁群体是对机器人作为家庭看护者的接受意愿最高的群体。

2）20岁以下的年轻群体与40～49岁群体、50～59岁群体对社会机器人作为家庭看护者的接受意愿有显著差异，20岁以下群体对机器人作为照顾老人、孩子等的家庭看护者接受意愿较低，并且随着年龄差距加大，对社会机器人作为家庭看护者的接受意愿的差距也增大。

2. 受教育程度与对社会机器人作为家庭看护者的接受意愿

将不同受教育程度的人群对社会机器人作为家庭看护者的接受意愿进行单因素方差分析，以便分析组间与组内差异。通过分析发现，不同受教育程度的网民群体对社会机器人作为家庭看护者的接受意愿在组间存在差异，见表6.34。方差齐性检验（表6.35）结果为方差相等（sig. <0.05）。采用Tamhane T2进行事后检验，结果见表6.36。不同受教育程度的人群对社会机器人作为家庭看护者的接受意愿的均值描述见表6.37。

表6.34 不同受教育程度的人群对社会机器人作为家庭看护者的接受意愿的单因素方差分析

自变量	平方和	df	均方	F	显著性
组间	38.201	4	9.550	6.135	0.000
组内	1189.359	764	1.557	—	—
样本总数	1227.560	768	—	—	—

表6.35 不同受教育程度的人群对社会机器人作为家庭看护者的接受意愿的方差齐性检验

Levene统计量	df1	df2	显著性
2.380	4	764	0.050

表 6.36　不同受教育程度的人群对社会机器人作为家庭看护者的接受意愿的事后检验

受教育程度（I）	受教育程度（J）	均值差（$I-J$）	标准误	显著性	95% 置信区间	
					下限	上限
初中及以下	高中、技校、中专	0.681	0.362	0.504	-0.40	1.76
	大专	0.049	0.333	1.000	-0.97	1.06
	大学本科	-0.004	0.317	1.000	-0.99	0.98
	研究生及以上	0.449	0.339	0.887	-0.58	1.48
高中、技校、中专	大专	-0.632*	0.215	0.039	-1.25	-0.02
	大学本科	-0.685*	0.190	0.006	-1.23	-0.14
	研究生及以上	-0.232	0.224	0.973	-0.87	0.41
大专	大学本科	-0.052	0.127	1.000	-0.41	0.31
	研究生及以上	0.400	0.174	0.203	-0.09	0.89
大学本科	研究生及以上	0.452*	0.142	0.018	0.05	0.86

*表示均值差的显著性水平为 0.05。

表 6.37　不同受教育程度的人群对社会机器人作为家庭看护者的接受意愿的均值描述

受教育程度	均值	标准差	标准误	均值 95% 置信区间	
				下限	上限
初中及以下	3.36	1.465	0.312	2.71	4.01
高中、技校、中专	2.68	1.446	0.182	2.32	3.05
大专	3.31	1.189	0.114	3.09	3.54
大学本科	3.37	1.218	0.055	3.26	3.48
研究生及以上	2.91	1.267	0.131	2.66	3.17
样本总数	3.25	1.264	0.046	3.16	3.34

从均值描述中可以发现，大学本科学历的群体的接受意愿最高，显著高于高中、技校、中专学历和研究生学历群体的接受意愿；大专学历群体的接受意愿高于高中、技校、中专学历的群体。

3. 家庭构成类型与对社会机器人作为家庭看护者的接受意愿

将家庭构成类型与对机器人作为家庭看护者的接受意愿进行独立样本 t 检验，检验结果显示，机器人作为家庭看护者的接受意愿在组间存在差异，家庭中有儿童的人群接受意愿高于家庭中无儿童的人群。检验结果见表 6.38。

表 6.38　家庭构成类型与社会机器人作为家庭看护者的接受意愿的独立样本 t 检验

因变量	家庭构成类型	均值	标准差	t	sig.(双侧)
对社会机器人作为家庭看护者的接受意愿	家中无儿童	3.05	1.304	-2.808	0.005
	家中有儿童	3.34	1.232		

4. 婚姻状况与对社会机器人作为家庭看护者的接受意愿

将婚姻状况与对机器人作为家庭看护者的接受意愿进行独立样本 t 检验，检验结果显示，机器人作为家庭看护者的接受意愿在组间存在差异，已婚的人群接受意愿高于未婚的人群。检验结果见表 6.39。

表 6.39　婚姻状况与社会机器人作为家庭看护者的接受意愿的独立样本 t 检验

因变量	婚姻状况	均值	标准差	t 值	sig.(双侧)
对社会机器人作为家庭看护者的接受意愿	未婚	3.10	1.344	-2.182	0.029*
	已婚	3.31	1.223		

*代表显著性水平 <0.05。

综上，影响网民接受社会机器人作为家庭看护者的人口统计学因素有年龄、受教育程度、婚姻状况、家庭构成类型。年龄较大的群体，所处的家庭环境和生命阶段使得他们可能较快面临健康陪护、育儿、养老等问题，因此更期待技术能够协助解决这些问题。可以推断，已婚已育、年龄较大的大学本科学历人群对机器人作为家庭看护者的接受意愿较高。

将社会机器人作为家庭看护者的接受意愿的影响因素进行整理，见表 6.40。

表 6.40　对社会机器人作为家庭看护者的接受意愿影响因素总结

影响因素	因变量：对社会机器人作为家庭看护者的接受意愿	假设检验结果
人口统计学变量	年龄：50～59 岁群体的接受意愿最高，20～29 岁群体的接受意愿最低	H13c 成立
	受教育程度：大学本科学历群体接受意愿最高，显著高于本科以下和研究生学历群体	H15c 成立
	婚姻状况：已婚群体的接受意愿高于未婚群体	H16c 成立
	家庭构成类型：家中有儿童群体的接受意愿高于家中无儿童群体	H1c 成立
个人因素	隐私顾虑：顾虑程度越高，接受意愿越低	H2c 成立
技术因素	感知易用性：认为机器人易用性较高的群体接受意愿较高	H8c 成立
社群因素	社群中有朋友谈论机器人话题的人群，接受意愿更高	H11c 成立

机器人未来将深入服务和医疗卫生、军事等领域。在生育率低于世代更替水平、老龄化程度加深的当今社会，机器人看护者的研发和使用可以帮助解决日益严峻的养老问题。例如，在日本，社会机器人正进入家庭健康关爱领域，成为家庭看护者，相关企业也在大力研发助老机器人产品，科技人员与社会媒体普遍对机器人协助养老持乐观态度。有几十万护工缺口的日本已经开始启用机器人作为老年人的看护者和护理员。为弥补人口老龄化造成的巨大的护理人员缺口，日本政府对助老机器人有着政策、资源配置等方面的倾斜。

许多研究显示，医疗看护类机器人除了能够帮助老年人完成难以独立完成的日常事务及对老年人的健康状况进行监测，还可提供社会关怀，这已经成为老年人护理机器人的重要功能设计，并作为人类应对普遍老龄化社会到来的措施而备受瞩目。例如，机器人 Paro、AIBO 等通过模仿动物或宠物的运动、反应和情感表达达到与老年人互动并减少老年人负面情绪的效果，而 Primo、iRobot 等机器人则能够通过直接模仿人类的言谈举止创造拟人效果，与老年人建立亲密的社交关系[182]。来自以色列的陪伴老年人的机器人 ElliQ 则具有更加全面的陪伴功能，它会通过身体语言、发出不同声音和切换灯光表达自己，通过自主学习了解主人的喜好，并帮助老年人从社交媒体平台获取信息，进行视频聊天和在线玩游戏。它还可以鼓励、督促老年人看书和散步，监测老年人身体健康及家庭环境，帮助老年人消除孤独。

针对我国的文化情境，国内学者进行了一项研究，结果显示，有 44.34% 的受访老年人愿意居家由养老机器人照料[183]。未来十几至二十年内，我国巨大的养老需求将会释放。需要注意的是，一旦机器人和人共同存在于相同的物理环境中，隐私顾虑是机器人进入社会再生产领域尤其是医疗、健康、教育等领域需要解决的第一个问题。第二个问题是机器人如果成为既懂得专业护理知识又具有强大的同理心和共情能力的陪护者，由此产生的伦理问题。

6.6　社会机器人作为家庭成员的接受意愿影响因素

本节按照两个步骤进行分析：第一步，将个人层面因素、机器人技术因素、社会影响、信息获取渠道四方面自变量与因变量（网民对社会机器人作为家庭成员的接受意愿）放入逻辑回归模型中进行分析。第二步，为了更全面地分析人口统计学因素的影响，将人口统计学变量与网民对社会机器人作为家庭成员的接受度通过独立样本 t 检验、单因素方差分析、相关分析等进行分析。

6.6.1 社会机器人作为家庭成员的接受意愿的逻辑回归分析

将网民对社会机器人作为家庭成员的接受意愿转变为是否接受社会机器人成为家庭成员，并作为因变量（重编码“1” = 接受，“0” = 不接受）。由于该变量是一个分类变量，采用逻辑回归方法进行分析，结果见表6.41。

表6.41 网民是否接受社会机器人成为家庭成员的逻辑回归分析结果（$N=769$）

自变量	变量名称	回归系数 B	标准误	Wald 统计量	exp(B)
个人层面因素	个人创新性	0.004	0.115	0.001	1.004
	个人对科技的兴趣	-0.065	0.105	0.382	0.937
	隐私顾虑	-0.046	0.076	0.359	0.955
	网络互动频率	0.227	0.099	5.254	1.254 *
	机器人影视文化消费	0.038	0.084	0.206	1.039
社会影响	社群因素	0.544	0.277	3.852	1.722 *
	感知流行性	0.290	0.092	9.935	1.337 **
信息获取常用渠道	线上社交媒体平台	0.207	0.237	0.758	1.230
	线下朋友告知	0.028	0.276	0.010	1.028
对机器人的感知	感知风险性	-0.070	0.134	0.275	0.932
	感知有用性	-0.095	0.136	0.494	0.909
	感知易用性	0.205	0.100	4.195	1.227 *
逻辑回归数据分析	常数	-1.491	1.044	2.037	0.225
	卡方值	60.212			
	-2 Log likelihood	813.841			
	Nagelkerke R^2	0.121			

* 代表显著性水平 <0.05，** 代表显著性水平 <0.01。

借由模型的建构，可以得到接受社会机器人成为家庭成员的比例（p）与自变量之间的关系，其公式如下。经由数据验证，其准确率为65.4%，有较高的准确率。

$$\ln\left(\frac{p}{1-p}\right)=0.290\times\text{感知流行性}+0.205\times\text{感知易用性}+0.227\times\text{网络互动频率}+0.544\times\text{社群因素}-1.491$$

进一步转换，网民对社会机器人作为家庭成员的接受比例

$$p=\left[1+e^{-(0.29\times\text{感知流行性}+0.205\times\text{感知易用性}+0.227\times\text{网络互动频率}+0.544\times\text{社群因素}-1.491)}\right]^{-1}$$

从回归模型中可以发现，自变量中的网民对社会机器人的流行性感知、社群因素、易用性感知、网络互动频率正向影响网民对社会机器人作为家庭成员表示接受的比例。

6.6.2　人口统计学变量与社会机器人作为家庭成员的接受意愿

1. 年龄与对社会机器人作为家庭成员的接受意愿

将不同年龄段的网民与对社会机器人作为家庭成员的接受意愿进行单因素方差分析，分析组间与组内差异（表6.42）。分析可知，对社会机器人作为家庭成员的接受意愿在不同年龄的群体间存在差异。方差齐性检验见表6.43，结果为方差相等（sig.>0.05）。采用LSD进行事后检验，结果见表6.44。不同年龄段的网民对社会机器人作为家庭成员的接受意愿的均值描述见表6.45。

表6.42　不同年龄段人群对社会机器人作为家庭成员的接受意愿的单因素方差分析

自变量	平方和	df	均方	F	显著性水平
组间	19.219	3	6.406	4.573	0.003
组内	1066.093	761	1.401	—	—
样本总数	1085.312	764	—	—	—

表6.43　不同年龄段人群对社会机器人作为家庭成员的接受意愿的方差齐性检验

Levene统计量	df1	df2	显著性水平
2.467	3	761	0.061

表6.44　不同年龄段人群对社会机器人作为家庭成员的接受意愿的事后检验

年龄（I）	年龄（J）	均值差（I－J）	标准误	显著性	95%置信区间	
					下限	上限
25岁以下	25～34岁	－0.389*	0.128	0.002	－0.64	－0.14
	35～44岁	－0.417*	0.136	0.002	－0.68	－0.15
	45岁以上	－0.133	0.154	0.387	－0.44	0.17
25～34岁	35～44岁	－0.028	0.105	0.787	－0.23	0.18
	45岁以上	0.255*	0.127	0.045	0.01	0.50
35～44岁	45岁以上	0.284*	0.136	0.037	0.02	0.55

*表示均值差的显著性水平为0.05。

表 6.45　不同年龄段人群对社会机器人作为家庭成员的接受意愿的均值描述

年龄	N	均值	标准差	标准误	均值的 95% 置信区间	
					下限	上限
25 岁以下	117	2.56	1.199	0.111	2.34	2.78
25～34 岁	317	2.95	1.170	0.066	2.82	3.08
35～44 岁	212	2.98	1.156	0.079	2.82	3.14
45 岁以上	123	2.70	1.252	0.115	2.47	2.92
样本总数	769	2.86	1.192	0.043	2.78	2.95

从事后检验和均值描述来看，25 岁以下群体与 25～34 岁群体和 35～44 岁群体的接受意愿存在显著差异，25 岁以下群体的接受意愿低于 25～44 岁群体，越年轻的群体越不愿意接受机器人成为自己的家庭成员、室友、朋友，和自己生活在一起。同时，45 岁以上群体的接受意愿与 25～34 岁、35～44 岁群体有显著差异，45 岁以上群体的接受度低于 25～44 岁的群体。25～44 岁群体对社会机器人作为家庭成员的接受意愿高于其他年龄段群体。

因此，假设 H13d 成立。

2. 婚姻状况与对社会机器人作为家庭成员的接受意愿

将是否已婚转换成一个新的变量［“1” = 已婚，“0” = 未婚（单身、离异）］，将不同婚恋状况与网民对机器人成为家庭成员的接受度进行独立样本 t 检验，检验结果显示，已婚群体对机器人成为家庭成员的接受度高于未婚（单身、离异）群体。检验结果见表 6.46。

表 6.46　婚姻状况与对社会机器人作为家庭成员接受意愿的独立样本 t 检验

因变量	婚姻状况	均值	标准差	t 值	sig.（双侧）
对社会机器人作为家庭成员的接受意愿	未婚	-0.151	0.989	-2.778	0.006
	已婚	0.066	0.998		

因此，假设 H16d 成立。

3. 家庭构成类型与对社会机器人作为家庭成员的接受意愿

将家中是否有儿童与网民对社会机器人作为家庭成员的接受意愿进行独立样本 t 检验。检验结果显示，家中有儿童的人对社会机器人作为家庭成员的接受意愿更高，见表 6.47。

通过以上分析可以了解到，不同家庭构成类型的人对社会机器人作为家庭成员的接受意愿存在显著差异。有孩子的群体相比于没有孩子的群体，对社会机器人作为家庭成员的接受意愿更高。这与笔者在深度访谈中的发现一致，即有儿童的家庭更愿意接纳社会机器人作为电子化的陪伴者。

因此，假设H1d成立。

表6.47　家庭构成类型与对社会机器人作为家庭成员接受意愿的独立样本 *t* 检验

因变量	家是否有儿童	均值	标准差	*t*	sig.（双侧）
对社会机器人作为家庭成员的接受意愿	无儿童	-0.195	0.975	-3.915	0.000***
	有儿童	0.117	0.980		

*** 代表显著性水平 <0.001。

4. 受教育程度与对社会机器人作为家庭成员的接受意愿

将受教育程度与网民对社会机器人作为家庭成员的接受意愿进行单因素方差分析，比较组间与组内差异（表6.48）。根据分析结果可知，对于社会机器人作为家庭成员的接受意愿在不同受教育程度的网民群体间存在差异。方差齐性检验（表6.49）结果为方差相等（sig. >0.05）。采用LSD进行事后检验，结果见表6.50。不同受教育程度的网民对社会机器人作为家庭成员的接受意愿的均值描述见表6.51。

表6.48　不同受教育程度的网民对社会机器人作为家庭成员的接受意愿的单因素方差分析

因变量	自变量	平方和	df	均方	F	显著性水平
对社会机器人作为家庭成员的接受意愿	组间	10.420	4	2.605	2.627	0.033
	组内	757.580	764	0.992	—	—
	样本总数	768.000	768	—	—	—

表6.49　不同受教育程度的网民对社会机器人作为家庭成员接受意愿的方差齐性检验

因变量	Levene 统计量	df1	df2	显著性水平
对社会机器人作为家庭成员的接受意愿	0.337	4	764	0.853

表 6.50　不同受教育程度的网民对社会机器人作为家庭成员的接受意愿的事后检验

因变量	受教育程度（I）	受教育程度（J）	均值差（I－J）	标准误	显著性	95%置信区间	
						下限	上限
对社会机器人作为家庭成员的接受意愿	初中及以下	高中、技校、中专	0.076 44	0.246	0.757	－0.408	0.560
		大专	－0.162 81	0.233	0.485	－0.620	0.294
		大学本科	－0.091 48	0.217	0.674	－0.517	0.335
		研究生及以上	0.226 06	0.236	0.338	－0.237	0.689
	高中、技校、中专	大专	－0.239 25	0.158	0.130	－0.549	0.070
		大学本科	－0.167 93	0.133	0.208	－0.430	0.094
		研究生及以上	0.149 61	0.162	0.356	－0.169	0.468
	大专	大学本科	0.071 32	0.106	0.501	－0.136	0.279
		研究生及以上	0.388 87 *	0.140	0.006 **	0.113	0.665
	大学本科	研究生及以上	0.317 55 *	0.112	0.005 **	0.097	0.538

* 代表均值差的显著性水平为 0.05，** 代表显著性水平 <0.01。

表 6.51　不同受教育程度的网民对社会机器人作为家庭成员的接受意愿的均值描述

因变量	受教育程度	均值	标准差	标准误	均值 95% 置信区间		极小值	极大值
					下限	上限		
对社会机器人作为家庭成员的接受意愿	大专	0.116	0.954	0.092	－0.065	0.298	－3.681	2.057
	大学本科	0.045	1.003	0.046	－0.044	0.135	－2.955	2.580
	研究生及以上	－0.272	1.027	0.106	－0.482	－0.062	－4.000	1.587
	样本总数	0.000	1.000	0.036	－0.070	0.070	－4.000	2.580

检验结果显示，对社会机器人作为家庭成员的接受意愿，研究生学历与大学本科、大专学历的群体存在差异。从均值来看，研究生及以上学历的人群对社会机器人作为家庭成员的接受意愿比本科学历和大专学历的人群低。这说明学历越高，越不愿意接受机器人成为家庭成员一起生活。

因此，假设 H15d 成立。

5. 收入水平与对社会机器人作为家庭成员的接受意愿

将不同收入水平的群体与网民对社会机器人作为家庭成员的接受意愿进行单因素方差分析，分析组间与组内差异。根据分析结果可知，不同收入水平的网民群体对社会机器人作为家庭成员的接受意愿存在差异（图 6.52）。方差齐性检验

（表6.53）结果为方差相等（sig. >0.05）。采用LSD进行事后检验，结果见表6.54。不同收入水平的群体对社会机器人作为家庭成员的接受意愿的均值描述见表6.55。

表6.52　不同收入水平的群体对社会机器人作为家庭成员的接受意愿的单因素方差分析

因变量	收入水平	平方和	df	均方	F	显著性水平
对社会机器人作为家庭成员的接受意愿	组间	11.353	3	3.784	3.826	0.010
	组内	756.647	765	0.989	—	—
	样本总数	768.000	768	—	—	—

表6.53　不同收入水平的群体对社会机器人作为家庭成员的接受意愿的方差齐性检验

因变量	Levene 统计量	df1	df2	显著性水平
对社会机器人作为家庭成员的接受意愿	2.183	3	765	0.089

表6.54　不同收入水平的群体对社会机器人作为家庭成员接受意愿的事后检验

因变量	月收入（I）/元	月收入（J）/元	均值差（I－J）	标准误	显著性	95%置信区间	
						下限	上限
对社会机器人作为家庭成员的接受意愿	5000以下	5000～10 999	－0.210 91*	0.082	0.010	－0.371	－0.050
		11 000～14 999	0.077 99	0.122	0.521	－0.161	0.317
		15 000及以上	0.064 04	0.130	0.621	－0.190	0.318
	5000～10 999	11 000～14 999	0.288 90*	0.119	0.014	0.058	0.520
		15 000及以上	0.274 96*	0.126	0.030	0.027	0.522
	11 000～14 999	15 000及以上	－0.013 94	0.155	0.928	－0.318	0.290

*表示均值差的显著性水平为0.05。

表6.55　不同收入水平的群体对社会机器人作为家庭成员的接受意愿的均值描述

因变量	月收入/元	均值	标准差	标准误	均值的95%置信区间		极小值	极大值
					下限	上限		
对社会机器人作为家庭成员的接受意愿	5000以下	－0.078	0.962	0.059	－0.195	0.039	－3.681	2.286
	5000～10 999	0.132	0.952	0.051	0.031	0.234	－4.001	2.580

续表

因变量	月收入/元	均值	标准差	标准误	均值的95%置信区间		极小值	极大值
					下限	上限		
对社会机器人作为家庭成员的接受意愿	11 000～14 999	-0.156	1.120	0.118	-0.391	0.078	-2.955	2.510
	15 000及以上	-0.142	1.127	0.129	-0.400	0.115	-2.756	2.234
	样本总数	0.000	1.000	0.036	-0.071	0.071	-4.001	2.5803

通过事后检验可以发现，不同收入水平的群体对社会机器人成为朋友和家庭成员的接受意愿存在差异。月收入为5000～10 999元的群体的接受意愿最高，显著高于其他群体。

综上，影响网民接受社会机器人成为家庭成员、朋友的人口学因素有年龄、受教育程度、婚姻状况、家庭构成类型、收入水平。可以推测，25～44岁、已婚已育、本科或大专学历的群体对社会机器人进入家庭作为朋友、室友、家庭成员在一起生活的接受意愿相对较高。

将对社会机器人作为家庭成员的接受意愿的影响因素进行整理，见表6.56。

表6.56　网民对社会机器人作为家庭成员的接受意愿的影响因素总结

自变量	因变量：对社会机器人作为家庭成员的接受意愿	假设检验结果
人口统计学变量	年龄：25～44岁群体对社会机器人作为家庭成员的接受意愿高于其他年龄段群体	H13d成立
	受教育程度：本科、大专学历群体接受意愿高于研究生及以上学历人群	H15d成立
	婚姻状况：已婚群体的接受意愿高于未婚群体	H16d成立
	家庭构成类型：家中有儿童群体高于家中无儿童群体	H1d成立
	收入水平：月收入为5000～10 999元人群接受意愿最高，高于其他收入水平人群	H17d成立
个人因素	网络互动频率：参与网络互动越频繁，接受意愿越高	H6d成立
技术因素	感知易用性：认为机器人使用很便捷的人，接受意愿较高	H8d成立
社会影响	感知流行性：认为机器人看起来很潮的人，接受意愿较高	H10d成立
	社群因素：社群中有朋友谈论机器人话题的人，接受意愿较高	H11d成立

在所属社群中，有朋友主动谈论机器人的人，相比于社群中朋友间不谈论此话题的人，接受机器人成为情感陪伴者的比例更高。认为机器人代表一种文化潮流，并认可其身份符号的人，相比于对机器人的流行性感知程度不高的人，接受机器人成为情感陪伴者的比例更高。

多滕哈恩等调查了 28 名与家庭陪伴型社会机器人进行交流的参与者，大部分参与者都赞同和接受社会机器人作为家庭陪伴者[184]。学者对于具身化的信息传播技术引发的电子情感进行了研究，认为技术被整合到人的身体，成为表达身份和情感的一部分[185]。杉山（Sugiyama）等研究了日本青年如何将手机进行拟人化甚至当成身体的一部分，并认为，人与设备间的持续的、亲密的关系已经使得手机成为一个与使用者相关的个性化的社会机器人[185]。

人类社会发展到今天，人对于亲密关系的需求与渴望并没有发生本质性的改变，但在亲密关系中需要付出大量的时间、精力和情感，以至于一些人不愿意经营亲密关系，而希望通过替代的方式获得。媒介技术在人类交往中发挥的作用日益突出，技术越发达，对人类交往关系产生的影响也就越深刻。

由于拥有类似于人类的学习能力，社会机器人可以通过模仿人类的符号语言和非符号语言与人类甚至其他机器人进行自主交流和情感互动，它们不再是媒介机器，而是类人机器人。近年来，类人机器人产生的逻辑之一是，人类对社交的需求转变为服务需求。社会机器人因此被创造出来，以填补人对亲密关系的付出与需求之间难以弥合的沟壑。

在笔者进行的深度访谈中，受访者表示，在无法实现人际情感交流的情境下，机器人也许可以带来即时性的慰藉。虽然这种情感慰藉是一种补充而不是替代，具有补偿性，但也有可能因为电子的虚拟陪伴而降低现实中对人际互动的需求。

广义的亲密关系是指关系双方彼此依赖程度很深，侧重的是关系双方的相互依赖程度，如恋人间的恋爱关系、夫妻间的婚姻关系、朋友间的友谊关系等。亲密关系的成分很复杂，目前认可度较高的成分有关怀、信任、理解、互动、承诺[186]。

随着人工智能技术的发展，满足特定情感需求的机器人，无论是带来情感补偿或替代人类成为亲密关系的对象，都将向真正的社会机器人发展。这种兼备了工具理性和交往理性的机器人具备哈贝马斯所说的有效交往的四个要素，即真实、正当、真诚和意义。社会机器人提供的不再是程序式的服务，而是与人相仿的交互符号，满足了人们对更加真实而有意义的情感的需求。

机器人的出现到底是解决了人们的孤独问题，还是掩盖了孤独问题？雪莉·特克尔教授近几十年来一直在研究计算机如何改变人类自身。她认为，技术的工具论具有一定的欺骗性。人和机器人建立亲密关系出于人类对亲密关系的渴望，二者之间是一种避免孤单又“没有风险”的关系，一种“无须付出友谊”的情感[150]。这种补偿社交生活的需求使得社会机器人应运而生。例如，麻省理工学院研发了桌面式陪伴机器人 Jibo，它带有摄像头的头部会自动追寻声音的方向，并且能自主识别出物理空间的人的面孔，屏幕上的眼睛标识会呈现出疑惑、眨眼、睡觉等不同的状态，这种非语言的生发性会提升人们对机器人的拟人化感知。

但是对于机器人在亲密关系中的介入，我们需要有严谨审慎的态度。一个重要的问题是，对于这种机器人在人际关系上的替代，社会是否已经做好了准备。人与技术相互建构的出发点和落脚点必须是人。作为技术活动主体的人可以为人类的生存与发展谋福利，拓展人的能力范围与认知层次，使作为技术客体的机器人得以发展与完善，降低甚至消除技术风险，这样走向更加自由与解放的未来的关键。

6.7 小　结

本章基于相关文献和深度访谈提出研究假设，并对因变量、自变量的定义和测量维度、调查问卷的操作化过程进行了描述。

笔者将影响网民对社会机器人承担四类社会角色的接受意愿的因素进行了整理，见表6.57。将网民对社会机器人四类社会角色（工具代理者、专业技能者、家庭看护者、家庭成员）的接受意愿作为因变量放在列一栏，将几类因素（人口统计学因素、个人层面因素、社会影响因素、技术功能感知因素、信息获取渠道）作为自变量放在行一栏，表中的打勾（“√”）选项表示该自变量对因变量产生影响，“+”表示自变量和因变量之间是正向相关关系，“-”表示自变量和因变量之间是负向相关关系。

由表6.57可以看出，人口统计学因素、个人层面因素、社会影响因素、技术功能感知因素、信息获取渠道显著影响着网民对社会机器人的接受意愿，具体来说：

表 6.57　网民对机器人四类社会角色接受意愿的影响因素总结

自变量	影响因素	作为工具代理者的接受意愿	作为专业技能者的接受意愿	作为家庭看护者的接受意愿	作为家庭成员的接受意愿
人口统计学因素	家庭构成类型（H1）		√	√	√
	年龄（H13）	√	√	√	√
	性别（H14）		√		
	受教育程度（H15）	√		√	√
	婚姻状况（H16）		√	√	√
	收入水平（H17）		√		√
	居住地区（H18）		√		
个人层面因素	隐私顾虑（H2）		√（-）	√（-）	
	机器人影视文化消费（H3）		√（+）		
	个人创新性（H4）				
	个人对科技的兴趣（H5）				
	网络互动频率（H6）				√（+）
技术功能感知因素	感知有用性（H7）	√（+）			
	感知易用性（H8）	√（+）	√（+）	√（+）	√（+）
	感知风险性（H9）	√（+）	√（-）		
社会影响因素	感知流行性（H10）				√（+）
	社群因素（H11）	√（+）	√（+）	√（+）	√（+）
信息获取渠道	人际传播渠道（H12）		√（+）		

1）机器人的功能特性感知显著影响着网民对社会机器人的接受意愿。感知易用性正向影响网民对机器人四类社会角色和行为期待的接受意愿。需要注意的是，机器人的感知风险性正向影响网民对社会机器人工具代理者角色的接受意愿。

2）社群因素正向影响网民对社会机器人承担四类社会角色的接受意愿。

3）人口统计学因素对网民对社会机器人的接受意愿产生显著影响。其中，家庭构成类型、受教育程度、婚姻状况影响网民对社会机器人三类社会角色的接受意愿。已婚已育、大学本科学历群体相比于具有其他人口学特征的群体对社会机器人的接受意愿更高。此外，收入水平、所在地区也对网民的接受意愿产生影响。

4）个人对隐私的顾虑负向影响着网民对社会机器人作为专业技能者、家庭看护者的接受意愿。个人的机器人影视文化消费正向影响网民对社会机器人作为专业技能者的接受意愿。个人网络互动频率正向影响着网民对社会机器人作为家庭成员的接受意愿。

这些影响因素与笔者在深度访谈中的发现基本一致。在基于用户使用的考察中，技术的特性如易用性、家庭构成类型、社群因素、人际传播等也影响着用户对机器人的实际使用意愿。

以往的研究大多是基于西方文化情境展开的，由于中国的社会情境不同于西方，所以以往研究成果在中国社会情境下的适用性有待商榷，未来应更多地基于中国文化情境开展相关研究。此外，未来还应对中国社会情境下公众对社会机器人的接受度进行深入剖析，如可以通过对不同受教育程度的群体进行访谈、日志记录等开展研究。

第7章　社会机器人走进家庭的展望

在悉尼歌剧院演奏的机器人 Baxter，不仅学会了熟练地演奏，而且能够根据现场音乐家的即兴表演自行决定如何回应合奏。机器人是从工业时代向信息时代持续迈进的产物。从机械化到智能化，从机械机器人到仿生机器人甚至到类人机器人，这种转变体现了人类对人造生命的高层次需求，试图从技术上模拟生命的不同方面，其背后的人机交互、环境与机器的交互在越来越高的水平上挑战着人类的认知能力。

本章首先对影响网民接受社会机器人进入家庭等日常生活领域并担任社会角色的各类因素即人口统计学因素、社会影响因素、技术功能特性、个人特质进行讨论。其次，基于用户的深度访谈对真实的家庭交互情境下的人机传播效果、存在的问题和未来的发展方向进行讨论。再次，对社会机器人这一创新逐渐进入日常生活的扩散进程进行分析，并讨论在中国文化情境下其扩散的关键要素和面临的挑战。最后，提出社会机器人未来将成为社会的环境基础，在这一基础上，随着人工智能算法系统的发展和人形的移动化的机器人进入社会生活，人们需要以怎样的姿态看待人机关系，并分析机器人技术作用于社会的正负效应。

7.1　人口统计学因素和对社会机器人的接受意愿与使用

本节将对人口统计学因素与人们对社会机器人的接受意愿及实际用户的持续使用行为的关系进行讨论。

人口统计学因素对人们对于社会机器人进入日常生活接受意愿的影响见表 7.1。从表 7.1 中可以看出，年龄、家庭构成类型、婚姻状况、受教育程度、收入水平、所在地区、性别均影响着网民对于社会机器人的接受意愿。其中，年龄、家庭构成类型、婚姻状况、受教育程度等变量的影响较大。

表 7.1　人口统计学因素对人们对社会机器人进入日常生活接受意愿的影响

自变量	变量名称	作为工具代理者的接受意愿	作为专业技能者的接受意愿	作为家庭看护者的接受意愿	作为家庭成员的接受意愿
人口统计学变量	家庭构成类型（H1）		√	√	√
	年龄（H13）	√	√	√	√
	性别（H14）		√		
	受教育程度（H15）	√		√	√
	婚姻状况（H16）		√	√	√
	收入水平（H17）		√		√
	所在地区（H18）		√		

注："√"表示该自变量对因变量产生影响。以下表中标注与此处相同。

总体来说：

1）年龄在 30～44 岁的群体对机器人进入日常生活各方面、承担各类社会角色的接受意愿均较高。

2）已婚已育群体相比于未婚未育群体，对于机器人进入日常生活的接受意愿较高。

3）受教育程度与网民对机器人的接受意愿并非成正相关关系。相比于其他更低学历和更高学历的群体，拥有大学本科学历的群体接受意愿较高。这与笔者进行的使用者的质性研究结果基本一致。

下文将具体分析我国文化情境下人口统计学因素对公众对于社会机器人进入日常生活的接受意愿与使用的影响。

（1）家庭构成类型和婚姻状况

家中有儿童的群体相比于家中没有儿童的群体，对社会机器人成为家庭成员等情感陪伴者的接受度较高。这与西方学者近些年针对已经购买 Alexa 的家庭的使用状况的分析结果相似，即由多成员构成的家庭如有儿童的家庭更有可能将对话型机器人视为自己家庭的成员，让它成为自己的朋友，更愿意其成为儿童的伙伴[62]。

为了深入分析家庭构成类型和婚姻状况对社会机器人接受与采纳的影响，首先将家庭构成类型因素与网民对于机器人进入家庭担任十类具体社会职责的接受意愿进行独立样本 t 检验，再将家庭构成类型、婚姻状况与对机器人的功能感知进行独立样本 t 检验。

研究发现，相比于其他群体，父母群体对于机器人承担以下职责或角色的接受度更高：提供娱乐、成为伙伴和人聊天、担任教育辅导者、和人住在一起成为家庭成员和朋友，见表7.2。

表7.2　家庭构成类型与对机器人承担不同社会职责接受意愿的独立样本 t 检验

机器人承担的职责或角色	是否有儿童一起生活	均值	标准差	t 值	p
提供娱乐	没有	4.01	1.080	-2.025	0.044 *
	有	4.18	0.915		
成为伙伴和人聊天	没有	3.18	1.196	-3.654	0.000 ***
	有	3.53	1.119		
担任教育辅导者	没有	2.52	1.283	-3.032	0.003 **
	有	2.83	1.223		
提供餐饮、出行等服务	没有	2.72	1.213	-3.541	0.000 ***
	有	3.06	1.142		
和人住在一起成为家庭成员和朋友	没有	2.65	1.232	-3.365	0.001 **
	有	2.97	1.150		

* 代表显著性水平 <0.05，** 代表显著性水平 <0.01，*** 代表显著性水平 <0.001。

家庭中有儿童的网民对于机器人的易用性感知程度较高，对于机器人的风险性感知程度则较低，见表7.3。相比于未婚群体，已婚群体对于机器人的易用性感知程度较高，对机器人的风险性感知程度较低，见表7.4。

表7.3　家庭构成类型与对机器人功能感知的独立样本 t 检验

功能感知	是否有儿童一起生活	均值	标准差	t 值	p
感知易用性	没有	3.57	1.080	-2.617	0.009 **
	有	3.78	0.915		
感知风险性	没有	4.09	0.825	2.068	0.039 *
	有	3.95	0.900		

* 代表显著性水平 <0.05，** 代表显著性水平 <0.01。

表 7.4　婚姻状况与对机器人功能感知的独立样本 t 检验

功能感知	婚姻状况	均值	标准差	t 值	p
感知易用性	未婚	3.52	923	-3.695	0.002 **
	已婚	3.80	0.961		
感知风险性	未婚	4.12	0.866	2.717	0.000 ***
	已婚	3.93	0.896		

** 代表显著性水平 <0.01，*** 代表显著性水平 <0.001。

由此可见，已婚已育的年轻群体是对社会机器人积极接受、采纳使用和扩散的主要群体之一，他们会主动传播和扩散社会机器人相关信息至其他年龄层群体；年轻父母对社会机器人的采纳带动了家庭中儿童和长辈、老年人对社会机器人的使用。

（2）年龄

从第 6 章中的分析可以了解到：①45 岁以下群体对机器人作为工具代理者的接受度较高；②30 岁及以上群体对机器人作为专业技能者的接受意愿较高，30 岁以下群体接受意愿最低；③20～29 岁群体对机器人作为家庭看护者的接受意愿最低，30 岁及以上群体接受意愿较高，50～59 岁人群接受意愿最高；④25～44 岁群体对社会机器人作为家庭成员的接受意愿最高。总体来说，年龄在 30～44 岁的群体对机器人进入日常生活各方面、承担各类社会角色的接受意愿均较高。

（3）受教育程度

从第 6 章中的分析发现：①高学历群体对机器人作为工具代理者的接受度较高；②大学本科学历人群对机器人作为家庭看护者的接受意愿较高；③拥有本科学历的群体相比于拥有更高或者更低学历的群体，对机器人成为家庭成员的接受度较高。需要注意的是，并不是学历越高的人群对社会机器人担任各类社会角色的接受意愿越高。拥有研究生及以上学历的人群对机器人进入家庭成为朋友、家庭成员等的接受比例相对较低。以上研究发现与深度访谈中观察到的现象一致。

在 20 岁以上、已婚已育的职业工作者看来，机器人这项创新成果的“相对于采用者”的属性特点有着更加丰富的含义。随着城市家庭中双职工的普遍化，如何解决工作与家庭生活的冲突，尤其是平衡在育儿、家庭日常生活中需要投入的时间和精力成为热议的话题。

信息技术快速发展的时代，不仅家庭的规模和构成在发生改变，人们的生活方式也发生了变化，如家庭规模变小，家庭构成变得不稳定，家庭中女性在外工作的比例上升，双职工的家庭比例上升。信息传播技术已经完全嵌入家庭日常生活中，可以帮助人们在移动中保持联系。人们必须同时协调各种事务、安排，如做饭、清洁和维修、照顾子女、儿童教育、家庭生活和社交娱乐活动等。

因此，一方面，机器人将成为人的代理者，完成家庭中的简单劳动，和家庭中的其他主体进行交流。随着机器人自动化技术的进步、移动性和人性化的发展，未来人在家庭中的劳动量将进一步减少，而交给机器人这一“代理人”和“管家”去完成。家庭成员在家庭的体力劳动中投入的时间和精力将会逐渐减少。

另一方面，随着移动媒介在家庭中的不断渗透，出现了数字代理养育（digital parenting）[187]。近些年，智能化代理养育（smart digital parenting using IoT）进入了研究者的视野。从父母群体评价机器人为“玩伴”“伙伴、陪伴者”的情感投射可以看出，父母群体认为这种陪伴性对于分担育儿所需要的时间和精力是有所帮助的。对于那些忙碌的双职工家庭，在家庭中的时间的减少及与其他家庭成员分隔两地的现实困境使得他们会主动使用新技术来更好地安排个人及家庭的生活。

机器人这种新技术产品的使用一方面增加了家庭成员间的集体性互动行为，增进了彼此的关系，如家庭成员一起使用与互动、与远距离的家庭成员互动和维系亲密关系，另一方面，其支持独立性使用，这在儿童、老年人、残障人士群体中表现尤为突出。未来可以对不同形态的机器人在家庭中的使用进行研究，以及对社会机器人的使用使夫妻在家庭中的分工上产生的变化进行研究。

7.2 社会影响因素和对社会机器人的接受意愿与使用

在创新技术的采纳和使用行为上，社会情境因素扮演了重要的角色。本节将社群影响、主观规范信念等反映社会时代背景和文化特点的因素纳入考量。

7.2.1 社会因素和人际传播：减少不确定性

笔者进行的问卷调查研究结果显示，所在社群中有朋友愿意谈论、分享机器人相关信息的网民，对社会机器人进入日常生活并担当四类社会角色的接受比例更高，这表明社群因素在人们对社会机器人进入日常生活的接受度上具有重要影响（表7.5）。

表7.5 社会影响因素对社会机器人接受意愿的影响

影响因素	自变量	作为工具代理者的接受意愿	作为专业技能者的接受意愿	作为家庭看护者的接受意愿	作为家庭成员的接受意愿
社会影响	感知流行性（H10）				√（+）
	社群因素（H11）	√（+）	√（+）	√（+）	√（+）
信息获取渠道	人际传播渠道（H12）		√（+）		

注：“+”表示自变量和因变量之间是正向相关关系。以下表中标注与此处相同。

认知、说服、决策、实施和确认是创新从扩散到被接受的过程中会经历的五个主要阶段。在认知和说服阶段，人际关系渠道的作用举足轻重，其比大众传媒渠道的影响更加显著[12]。既往研究显示，参照群体在早期的信息获取、知晓方面具有较强的作用。

正如笔者在深度访谈中所发现的，用户在自己的社会群体中传播机器人的使用感受，如在同学、同事之间分享，育儿群体还会跟与自己家庭构成类型一致的朋友、与自己孩子在同一幼儿园的孩子家长等分享。

社会机器人作为新兴的科技产品一直在快速发展，其产品形态尚未稳定，是具有争议性的科技议题。研究显示，传统的大众媒介有关新兴的争议性科技议题的报道框架有着不确定性、模糊性及矛盾性的特点[179]，而这些并不利于公众对这一科技产品的认知。

因此，相比于依赖传统媒介、官方渠道获取机器人相关信息的网民，较依赖所属社群和人际传播渠道获得机器人最新信息的网民更可能在人际传播中接触到群体的“意见领袖”的看法和分析，社群中互动性的讨论为公众意见的形成提供空间，使得他们更有可能打消对这一技术的不确定性的顾虑。因此，这样的群体更易于接受社会机器人进入日常生活，成为社会成员。

社交网络、互联网、移动通信的“三重革命”扩展了社会交往，群体关系的发展摆脱了地域、时间等维度的约束，社群也发生了转变。用户的信息来源渠道更加多元，所属社群内其他成员的经验、口碑与分享占有越来越重的分量。

另外，正如上文所述，社会机器人的文化符号价值这一流行表征的文化意义也使得人们愿意在所属社群中主动谈论它，并将自己对于机器人和人工智能的认知作为一种文化资本。正如8号受访者提到的，“平时会储备一些有关机器人、人工智能这类科技产品的最新动态的信息，因为和朋友聊天的时候会聊到，平时的社交需要也让自己养成了留意这方面资讯的习惯”。当机器人成为一种代表身份的符号时，被传播者的感受也许比传播信息的人更重要，因为信息的传播者想让其他人知道自己在想些什么，希望借助人际传播和社交媒体网络传播自己的消费和使用经验，通过其他人的评判进一步强化自己的身份。

7.2.2　感知流行：机器人作为潮流和未来趋势的表征

从笔者进行的深度访谈和接受意愿的问卷调查结果来看，一方面，社会机器人被认为是一种潮流的文化符号，这一社会主观规范影响着人们对社会机器人进入日常生活的接受和使用意愿，即机器人这一商品在符号消费过程中促进用户实现身份的建构和认同。另一方面，社会机器人被建构为一种代表未来趋势的商品，带来了同辈使用与采纳的压力，正如父母群体提到的，“人工智能是趋势，要了解”“儿童应该尽早使用机器人，应该尽早给孩子购买机器人产品”“不想落后于同龄人”等。

对社会机器人的流行性感知越强的网民，对机器人在生活中渗透的包容和接纳能力越强。越是认为机器人代表一种文化潮流，并认可其身份符号的网民，接受机器人成为家庭成员和朋友这样的情感陪伴者的比例越高，越有可能接受机器人在较深的层次和维度在家庭生活中全面渗透，甚至产生情感上的接纳，其认可机器人担当具有社交性的社会角色，甚至成为家庭成员。

“人们总是把物当作能够突出自己的符号。”人们从商品所传递的信息里获取相应的意义及所隐喻的社会关系和社会认同。进入日常生活领域的社会机器人不仅是具有使用价值的物质实体，更是一种文化制品，是一种流行表征的社会规范。物在设计、生产、流通、传播、采纳和使用的过程中产生了一种文化意义，这一符号体系具有了社会所共同认可的价值观念、审美取向、品味格调等。

角色认同促进消费，机器人作为流行象征成为使用者的社会资本和身份标签，这是用户主动购买的社会心理动因之一。

出现在大众消费文化中、以日常生活作为应用场景的社会机器人成为一种潮流、前卫、高科技的身份象征。正如在深度访谈中许多受访者表示的，“孩子们的礼物已经从手机和其他东西变成了机器人”，并且他们认为，机器人作为一种文化符号，具有“很高科技，也很潮流”“好玩，又有教育性，里面装了知识”

这样的文化价值。

在消费文化中，对商品的关注、购买和消费不再只是私人化的体验，而更强调一种对生活方式和社会关系的表达和彰显。人们通过对机器人这一文化符号的认同来表现其品位格调、生活方式。人们借助对社会机器人的购买、消费可以传达某种意义和信息，建构和巩固自我身份并协调与他人的关系。人们可以通过在社群中、在社交网络中传播和分享自己的消费和使用体验，通过社会性的互动和交往强化自我的身份建构和认同。

正如美国人类学家乔纳森·弗里德曼指出的："在世界系统范围内的消费总是对认同的消费[188]"。消费在社会学意义上的重要性在于它既是建构认同的"原材料"，又是认同表达的符号和象征。

正如笔者在访谈中发现的，受访者认为，自己在对话型机器人推出的早期就已购买，会被视为"首发用户"，这是个人身份和"意见领域"角色的象征，能帮助塑造自己"属于大众群体却又高于普通大众"的形象。例如，受访者说道："比起其他人，我觉得我在这方面还是比较新潮的。平时我也经常关注这方面的资讯。有时候朋友会问我，买什么新的家用科技产品，哪种品牌比较好。"

通过产品设计和大众传媒两个环节的编码，机器人产品的符号意义被植入机器人这一商品实体中，展现出潮流化、高科技的符号消费观；作为一种身份和前卫消费意识的代表，机器人这一人工制品的文化功能得以沉淀。人们认为，谈论机器人产品、采纳和使用机器人及人工智能等高科技产品更能凸显自己的身份价值。在这个过程中，人们不断地通过消费符号——接受、采纳和使用机器人产品来获取身份的建构和认同。人们通过在社群中谈论、传播机器人和人工智能的最新资讯及分享自己的使用经验彰显个人的身份、社会关系、个性特征，强化自己作为"科技高知"、前卫先进、品位不俗的身份标签。因此，用户对机器人的关注、谈论、购买、使用与分享不只是代表消费，更是表征自我身份，在这一采纳、使用与分享的过程中进一步强化了自我认知和角色定位。

未来可以进一步研究，传播媒介和商品经济是如何建构机器人作为潮流象征的符号价值的；在消费语境下，机器人产品的早期采纳者和使用者这一群体是如何传播机器人产品的文化价值的，传播路径有哪些；从政治经济学的角度来看，符号资本和符号权力运作的路径是什么。

7.3　机器人功能感知和对社会机器人的接受意愿与使用

基于西方情境的研究显示，机器人的功能性感知一直正向影响着人们对机器人的接受与使用[55]，其中感知有用性的影响作用显著。

笔者发现，在中国文化情境下，机器人的感知易用性、感知有用性、感知风险性显著影响着网民对社会机器人的接受意愿，其中感知易用性的影响最显著（表7.6）。

表7.6　机器人功能感知对社会机器人接受意愿的影响

影响因素	功能感知	作为工具代理者的接受意愿	作为专业技能者的接受意愿	作为家庭看护者的接受意愿	作为家庭成员的接受意愿
技术因素	感知有用性（H7）	√（+）			
	感知易用性（H8）	√（+）	√（+）	√（+）	√（+）
	感知风险性（H9）	√（+）	√（-）		

注：“-”表示自变量和因变量之间是负向相关关系。以下表中标注与此处相同。

分析可知，对社会机器人的易用性感知程度越高的网民，越有可能接受机器人作为工具代理者、专业技能者、家庭看护者和家庭成员，而对社会机器人的风险性感知程度越高的网民，越有可能接受机器人作为工具代理者，越不可能接受机器人作为专业技能者。

社会机器人基于语音交互技术，对话功能的天然属性使得它的使用变得几乎没有门槛。笔者在对访谈进行归纳总结后发现，机器人“说话就行了”的易用特性是受访者购买它并给儿童、老人使用的主要动因之一。正如受访者所言，可以让“父母享受科技红利”，“老人搜索打字的能力不是很强，眼睛也不是很好……这个东西（机器人）可以帮他们解决很多问题。”

研究显示，人们所拥有的知识和技能、利用网络资源的能力差异会影响人们对互联网、手机等科技产品的使用。网络技术、数字产品和移动应用日新月异，年轻人相比于老年人对新知识的学习和新产品的接受速度快，老年群体对于新技术常常感觉力不从心，有关网络知识及信息的获取相对闭塞，学习和掌握新技术的速度较慢，因此常常跟不上产品和技术更新换代的节奏。正是因为存在这一技术壁垒，往往只有那些掌握了较多相关知识和使用技能的群体才能很好地使用新兴的科技产品。

但是对老年用户来说，他们并不希望被当作弱势群体，而是希望能够更加独立地生活并享受科技高速发展带来的生活红利。对话型机器人技术创新特性中的对话性和相对简单易用性使得老年人可以跨越文化和媒介素养的鸿沟，比较容易地掌握机器人的使用方法。目前在商用市场上家庭情境下成熟的机器人类别依然是以语音交互为基础、带屏幕、具有视觉环境感知功能的机器人。未来会有更多功能型服务机器人进入家庭，为老年人、视力受损者、残障人士等提供服务，让他们可以独立生活。

机器人的易用性、有用性特征体现在它对日常生活的嵌入、对家庭不同时空的连接、帮助用户实现多任务处理、解放用户双手、便捷地提供即时性信息、增加家庭成员之间的互动、给儿童提供学习教育功能等方面。基于实现物和物"对话"的物联网，机器人通过普适计算构筑物理世界抽象层，实现了机器之间的自主相连，以及不需要人指导就可作出智能决策，而这一功能也在家庭情境中被使用。例如，受访者提到，"让小爱煮饭""语音控制家中所有的电器""不用自己跑下床去开灯关灯了"，这些均体现了机器人与物理环境中的其他物体智能相连的兼容性。

同时，对话型机器人的语音交互、类人的人机传播的特性使得它的使用并不总是独自一人的。从对受访者的访谈来看，用户会主动地把对话型机器人放置在客厅等家庭公共空间，让家人一起使用。8 号和 20 号受访者谈到了目前自己使用的对话型教育机器人在给孩子提供辅助型的知识教育方面的作用。

此外，笔者发现，社会机器人在功能上的有用性和易用性都作用于用户对其在所属社群中的传播和分享。

7.4　个人特质和对社会机器人的接受意愿与使用

笔者在深度访谈中发现，在早期采纳者的持续使用行为中，用户尤其谈到了对隐私让渡以提高易用性和有用性的顾虑，以及机器人影视文化消费对个人对于机器人的认知和开放的接受态度带来的影响。

7.4.1　隐私悖论：在隐私和便利之间权衡边界

第 6 章的假设检验结果显示，对网络隐私顾虑越多的网民，越不愿意接受社会机器人成为专业技能者、家庭看护者。隐私顾虑显著影响着网民对社会机器人的接受度。隐私顾虑较多的人对机器人进入社会再生产领域、人机协作、机器人成为家庭中的健康陪护者照顾老人和孩子等持有更加审慎和保守的态度（表 7.7）。

表 7.7　个人隐私顾虑对社会机器人接受意愿的影响

影响因素	作为工具代理者的接受意愿	作为专业技能者的接受意愿	作为家庭看护者的接受意愿	作为家庭成员的接受意愿
隐私顾虑（H2）		√（-）	√（-）	

在人工智能、万物联网的时代背景下，人们的言行被数字化，被大数据储存，并且这些信息全部处于公共领域，基于大数据收集、分析与预判的技术及方式代表着对人类传统生活方式的重新组合和创造性变革。公民的隐私信息面临着多重困境，视频监控、数据挖掘、信息交换和信息分享等行为在现代社会是不可或缺的，但这些行为也严重影响了公民的信息安全。

对隐私顾虑的思考和讨论可以从深度访谈中窥见。27 名受访者都对机器人的使用带来的隐私问题表示忧虑，主要表现在两个方面：一方面是对机器人进入日常生活后带来的隐私暴露和无处不在的数据收集的担忧；另一方面是对机器人取代人类走上工作岗位和对人类员工工作技能提出新型要求表示担忧。受访者表示，“不会把它放到卧室使用”（16 号）、“打重要电话的时候会把电源拔掉”（10 号）、“在私密的空间，还是希望自己完全拥有掌控感”（8 号）等。

尤其值得注意的是受访者内心的矛盾及机器人技术发展对人类社会整体带来的利弊的思考，即受访者表示的披露个人信息和获得收益的隐性权衡问题。

8 号受访者提出，“比较希望机器人或者人工智能更加懂我。这样可能是以让机器人了解我的生活习惯，或者共享更多个人隐私为代价的，比如需要知道我的生活习惯，几点起床，爱吃什么，喜欢穿什么颜色的衣服。它需要知道个人生活的一些数据”。10 号受访者表示“如果想让它更智能，或者提供更有效、更准确的信息，需要向机器人或者后台的数据收集系统提供很多日常生活中有关行为习惯的数据，这样它就会更懂得人类，服务肯定更好。但是如果允许收集很多个人数据，又担忧隐私问题。所以我认为设立有关隐私的条例很重要，比如明确哪些数据不能泄露或者可以一键删除之类”。“如果要懂得人类，必须以给出一些个人信息为代价，有利有弊”（15 号）。“我觉得比较矛盾。这种智能的设备现在逐渐走进家庭了，解放了双手，从这个方面来说是好的。但另一个问题是，人可能会变懒，如果就整个人类来说的话可能会导致某些方面的退化，所以我觉得还是有点儿问题的”“我觉得它太智能的话可能会取代我，不需要我了，因为机器人都比我聪明了”（13号）。

人们总是在自在性、隐私性和易用性之间权衡，处于悖论之中。人们一方面享受着技术给自己带来的便利，另一方面又对人机协作的到来表示忧虑。正如17号受访者所言，“一方面害怕机器人做同事，但另一方面又认为它能带来一些好处，比如它24小时在线。人类需要睡觉，或者手机信号不好，联系不上同事，但机器人同事可能会永远在那儿”。

在如今万物互联、信息流动性和透明化不断提升的时代，对隐私的理解和相关规则的制定会显著影响人们对机器人的接受、采纳和持续使用意愿。近年来，网络隐私保护体系不断得到完善，如欧盟通过《通用数据保护条例》规范并约束在欧盟境内收集和使用数据的行为，以及2014年提出“个人信息被遗忘权”等[189]。业界和学者需要思考的是，如何在个人隐私和公共数据之间寻求便利性和安全性的平衡等问题。

隐私本质上是一个多维、动态发展及情境化的概念[163]，隐私悖论行为也是一个复杂的权衡过程[190]。施皮克曼（Spiekermann）、布朗（Brown）等学者率先提出隐私悖论，并通过理论推演与实证研究验证了隐私悖论确实存在[191]。正如前文提到的，在社会机器人的实际使用中，受访用户表达出较多隐私悖论方面的矛盾心态。可以预见的是，随着新一代物联网技术的普及和发展，社会再生产领域如家庭环境中将会出现越来越多的智能机器，它们会一刻不停地收集用户信息并进行自主化分析。日益复杂化和动态化的社会环境将使隐私问题更加严峻，隐私悖论的矛盾与困境将会越来越多地出现。

但是，隐私悖论的理论发展脉络和研究框架目前尚未完善和真正理清。一方面，过去有关隐私悖论的研究多集中在西方情境下开展。我国在社会制度、经济发展阶段、产业架构、文化习俗等方面和西方社会有较大区别，相关研究尚有待开展。另一方面，技术的快速发展改变了现今社会的通信设施等底层架构，人们的隐私观念所根植的宏观社会情境也在不断发生变化。

具体来说，第一，与传统互联网环境相比，高速化的信息社会在物联网、云计算和人工智能等新一代通用技术的不断更新下日渐形成。物联网可将劳动力、社会交往、技术与设备、生产、物流传输网络、个体的消费习惯甚至自然资源等经济和社会生活涉及的方方面面相互连接，并且生成了结构化的海量数据，实时地提供给商业、交通、娱乐等各个领域。

第二，机器学习技术和大数据的深入发展使得人工智能系统可以在具有关联性的数据之间提取相应的特征，预测用户的行为，以提供符合用户习惯和喜好的服务及用户可能需要的商品。

第三，在当前信息技术和政策环境下，用户在与平台方的博弈中处于一种弱势地位，用户隐私信息的收集、使用和共享等主动权都掌握在平台方手中。企业常常在用户不知情的情况下收集、分析、出售用户的各种数据用于精准营销，使得用户对于隐私的泄露产生更多顾虑。

第四，虽然个人拥有对在网络上主动产生和被动留下的个人数据进行删除、储存和使用的权利，但是在现实生活中，信息技术难以避免的漏洞等问题有可能导致数据的泄露、捏造和失真，进而影响信息安全。

第五，用户隐私观念在发生变化。基于社会规范与准则的隐私边界，即个人愿意与公众分享的隐私的界限是不确定的。用户如何根据信息披露后的收益和风险间的衡量决定披露个人信息也在不断发生变化。

在目前已有的研究基础上，未来可以开展针对中国社会文化情境的网络隐私悖论的研究。在本书中，笔者只考察了隐私收集顾虑这一维度的变量，并将其纳入社会机器人接受意愿的影响因素中。未来的研究应该更多地评估构成隐私顾虑的其他关键高阶维度的变量，如隐私的消费、访问和使用等。在不同的使用情境下，用户对使用社会机器人所带来的隐私顾虑的出发点不同，其构成的关键维度也不同，这也有待未来的进一步考察。此外，个人隐私顾虑这一概念可以进行进一步的研究，如人们在不同情境下的隐私顾虑、个人对自己应对隐私风险能力的认识、隐私观念的变化、隐私观念与隐私悖论的关系等。

7.4.2　机器人影视文化消费：认知更多元

基于问卷调查的分析发现，网民对机器人影视文化消费的程度影响着网民对社会机器人的接受度。日常观看、消费与人工智能和机器人相关的影视作品等的网民更愿意接受社会机器人作为专业技能者、担任老师和进行教育辅导、在第三产业岗位提供服务，如给人们提供餐饮服务，为人类社会再生产的各领域提供帮助等（表7.8）。

表 7.8　机器人影视文化消费对接受意愿的影响

影响因素	作为工具代理者的接受意愿	作为专业技能者的接受意愿	作为家庭看护者的接受意愿	作为家庭成员的接受意愿
机器人影视文化消费（H3）		√（+）		

如前文所述，进入日常生活领域的社会机器人不仅是具有使用价值的物质实体，更是一种文化制品。机器人如何成为一种身份符号、文化制品？这一符号体系如何具有了社会所共同认可的价值观念、审美取向、品味格调等？

传播学者巴克德捷瓦提出，机器人是一种文化制品，这种文化制品的属性一直以来都是从书籍、电影、电视剧等文本中不断产生的[192]。卡瓦罗（Cavallo）、福尔图纳蒂等指出，人们对机器人的各种想象是从科幻故事、叙事中被滋养和孕育的，这种叙事建构的基础是人们认为在日常生活中需要机器人的存在[193]。

人工智能和机器人一直是好莱坞电影的热门题材，如《终结者》《黑客帝国》《人工智能》《她》《超级陆战队》《机器人管家》等电影风靡全球。许多西方科幻电影中机器人的形象都是人类的忠实守护者，如《人工智能》中的机器儿童戴维、《超能陆战队》中的大白、《星际穿越》中服务于宇航员并提供及时的智能化信息服务的机器人 Tars 和 Kipp、《太空旅客》中的机器人酒保等，这些电影形象深入人心。在这些科幻电影作品中，机器人被包装成为与人类一起对抗邪恶的人类的同伴、人类可靠的朋友，并具有强大的信息收集和处理能力，在危机面前成为人类的救星、同盟和守护者。

在深度访谈中，对机器人主题影视作品消费较多的受访者表示，影视作品中早已出现人和机器人协同工作、机器人承担一些服务型工作的场景。这些受访者对影视作品中出现的各类机器人形象非常熟悉，可以轻松地描绘出未来机器人进入社会后可能会从事什么工作、承担何种社会角色，而这主要源于他们对机器人影视文化的熟知。因此，个人的机器人相关影视文化消费水平较高的人可能相对易于接受社会机器人进入社会再生产领域承担一些服务性的技能工作，如成为咖啡师、教师、教育辅导者等。

就目前进入家庭日常生活领域的机器人产品而言，其层出不穷的多样的产品形态本质上就是一次象征意义不断被更新和改写的历程。这些产品形态与电影中的机器人形象的不同和相同之处可以在未来进一步研究。未来还可以通过对照组和控制实验等考察机器人影视文化消费如何对人们对社会机器人和人工智能等科技产品的态度和认知产生影响，如观看某一类型的机器人电影后网民对机器人的态度是否会因此而改变，网民对社会机器人的符号意义的理解是如何受到影视文化作品的影响的。

7.5 对人机传播的讨论

类人社会机器人正在成为一种交流的媒介，自动化的、交互的、类人的实体正在实验室里大规模出现。有些具有社交功能的机器人可以通过做出不同的面部表情，模仿人类的说话方式，以眨眼、凝视及肢体动作等表达情感，在交流中创造意义。传播本质和社会互动的意义将在社会机器人的类人化的发展趋势下不得不被重新审视。作为人类的代理人，类人的社会机器人将扩大人类在计算机化的世界中传播的范围。相比于人与计算机的交互，人与类人社会机器人的互动更像是人类间的互动。[26]

类人社会机器人作为人的假体的延伸（prosthetic extensions），成为社会交往中的代理人，可在银行出纳、柜台服务、商店助理、电话应答、接线、导游等岗位上代替人工作。在既往的研究中，类人社会机器人只被视为科技设备，它的社会意义被忽略了。

在真实的互动情境中，用户对机器人的传播效果的评价如何？人际传播的假设和规则是否可以运用到人与社会机器人的传播中？这些问题将在本节中讨论。

7.5.1 人机传播中的说服效果

研究显示，机器人可以帮助有压力的人群完成某项任务，如协助人在康复训练中完成练习，减少人们的能源消费，机器人相比于计算机或者纸笔记录的方法更能鼓励人们坚持完成健身目标等[194]，但是相关的研究都基于用户本身有着强烈的渴望被说服的诉求。人形化的机器人因为其具有的非语言符号（如外貌、眼神、姿态）和语言符号而产生说服效果[195]。

针对人们本身不希望被说服的任务，一些学者也进行了研究。杰斯克维西（Geiskkovitch）、科米尔（Cormier）、松（Seo）等的实验研究显示，在机器人NAO提出“请继续衣服分类工作”的请求之后，受试者依然会继续从事衣物分类这一单调、枯燥工作的比例提高、时长变长[196]。

8号受访者提出对机器人说服效果的担忧及由此带来的伦理、政策的考虑："有些人会认为机器人理所应当不会骗人，所以它的说服效果可能会比同伴或者网络上的社交媒体的说服效果好，因此可能未来需要在伦理或者法律方面去约束。"

在访谈中父母群体也谈到了在日常使用过程中机器人对儿童的说服效果。20号受访者说："我觉得孩子更听机器人的话。"14号受访者提到在雾霾天让孩子戴口罩的事，"小孩是这样的，有时候跟他说今天是雾霾天，要戴口罩，但是他不会戴。而如果我让他去问小爱同学，小爱同学说今天出门要戴口罩，他就会戴口罩"。

从深度访谈中笔者发现，未来需要深入研究机器人在日常生活和公共领域被广泛使用后人机传播所产生的说服效果，尤其是通过具体的传播效果评估某判断应如何构建人机传播的道德规范体系。

7.5.2 人机传播中"礼貌的老年人"

人人交互与人机交互是否一致？在不同的个性特征、不同的情境下，人机传播的规则有何适应性？福尔图纳蒂、卡瓦罗、萨瑞卡（Sarrica）通过设计人和机器人交互的一对一、一对多等场景考察人在和机器人的传播中采取何种规则，是否和人际传播模式相似。研究发现，在人与机器人的一对一传播中，传播模式和人与人之间的传播模式相仿；在一对多的传播中，所遵循的规则与人在公共场所交流时共享的社会规范是相似的[197]。

在访谈中笔者发现，年轻使用者与老年使用者在与机器人进行交流传播时想法有所不同。年轻受访者认为人与机器人的交流应该和人与人之间的交流一样留有一定的空间和距离，老年人群体则对机器人语言传播的拟人性感知更强。例如，10号受访者说："我爸妈会跟它特别客气地说话。有时候我会跟小度开玩笑说'你是笨蛋'之类的，我爸妈会说不要这样跟它说。他们跟它特别客气，会说'谢谢'之类的。""老一辈人可能对它更有礼貌，而我们知道这个东西是个机器，不需要遵守礼貌的原则。"（12号）由此可以发现，对于不同年龄段的用户，人机传播的效果有所不同，老年群体在人机传播中更多地运用了人际传播中的礼貌原则。

未来应该对不同群体开展人机传播的模式异同研究，如儿童与机器人交流的模式、老年人与机器人交流的模式的区别。

7.5.3　人机传播中“理解”的重要性

社会机器人如何成为一个好的沟通者？社会机器人在哪些方面的传播能力优于人类？基于互联网的庞大数据库的无限量知识储备的优势，未来机器人是否会具有“捕捉瞬间闪过的眼神”的能力？

在现象学社会学的视角下，人们日常生活的世界是一个具有不同层次和维度的有意义的网络。行动者及其行动处于日常生活世界中，其意义和日常生活不可分割。因此，人们对行动的理解，包括与其他行动者互动等，都有赖于他人和互动者共享有关日常生活的世界，尤其是彼此对行动的局部场景有着共同的认识，由此才可能达成一致，建立稳定的社会秩序。成员之间共有的认识和常识即共同理解，它们是日常行动发生的背景，也是行动得以理解的基础。因此，共同理解作为背景，是行动的构成性要素。基于现象学社会学的视角，我们需要审视的是在人际传播和交互中理解的重要性。

理解不仅是基于过去的生活实践与经验的理解，而且是基于生活情境的理解。人们通过反身性的自我诠释理解对方的行动，通过知识库产生对即将到来的事情的期待。共同理解作为背景具有视而不见的特征，这是由人的自然态度决定的，而社会成员之间的共识涉及日常生活世界、行动的局部场景、行动者的生平、行动的动机、行动过程和时间因素、先前行动、成员间的关系及基于此行动的预期等。在现实行动中许多共同理解并没有被明确提及，但是依然具有操作性结构，以理所当然的方式塑造着社会现实。

人与类人物交互中存在三个问题：理解的不对称、认知范围的限制、对必须根据当下情境理解的索引符号的解读。人类的语言表达有文字和索引的意义，索引的意义是根据当下的情境理解的。一些非语言符号的线索对于引起社交反馈是很重要的，社会机器人的学习不能囿于现有知识领域，而应既不断巩固现有知识，又发展新的知识。

因此，要想让机器人成为真正的社会成员（social partner），首先要实现社会机器人不同层次的“理解”。加芬克尔以索引性（indexity）概念来阐明行动与背景理解之间的本质联系[129]。索引性指的是行动或表达指向了其他行动或表达，因此其意义的确定有赖于后者；而被指涉的行动同样需要诉诸另外的行动以确定意义，由此产生了一条由无数行动构成的索引链，即“一艘无底之船”（a boat without a bottom）[129]。基于语义理解、机器学习等技术的发展，未来可以研究如何把人类行为的索引性表达分成不同的层次和维度，为机器人的行动提供参考框架。根据人类行动的可索引性概念设计算法和表征，可以提高机器人的“可读性”，并使其拥有与人的行动背景和行动预期相匹配的行为。

其次，对机器人而言，“理解”可以从两个视角来看。一是物理的视角，即依托物联网和计算机视觉技术的进步，通过计算运动、步伐、方向及对环境的视觉、听觉、触觉的感知，辅助机器人加强对即时性情境及对自己和其他行动者的理解。二是在机器人设计层面，从具有特定角色的机器人入手，让机器人学习在该社会角色和角色画像下的行为规范和知识库，实现在社会语境下对交互的理解。

再次，只用语言逻辑和指令建构机器人与人的交流是远远不够的，需要把社会机器人放在真实的人际关系中去使用、迭代。关系总是在互动中建构的，因此在社会机器人的设计中，社会机器人需要走出实验室，在各种情境和语境中与人多多交流。

最后，多方参与合作是必要。建构社会机器人的过程受到设计师对社会认知的影响。由于实验室开发环境比较单一，机器人的开发和设计难免受到少数工程师和设计师的价值观的影响，所以在未来的设计中应该纳入多方相关社会群体，实现多元的互动和对话。

7.5.4 将人际传播规则运用于人机传播

既往研究通过设计实验检验人际传播的准则能否用来建构融洽和谐的人机合作关系（rapport building）[196]。通过对实验视频进行编码分析发现，受试者会通过语言赞美机器人的表现，如“你很棒”“你很有趣，我从没有见过像你这样的机器人”，也会说感谢机器人的话语，如“谢谢你的帮助，我很感激”。同时，72%的实验者和机器人 NAO 有强烈的非语言符号如面部表情和眼神的交流；53%的实验者展现了开放的身体姿态，如身体前倾于机器人，和机器人保持亲密的社交距离。在和机器人通过语言交互一起完成工作、机器人提出休息要求、机器人发起随意谈话的过程中，39%的受试者进行了个人信息的披露。

但是，正如人际交往总是存在着边界和彼此间张力的辩证，传播和自我披露的边界问题始终存在。人际关系的辩证理论认为，人际交往总是存在多种矛盾和冲突，它是一个充满张力的辩证过程。人们在人际交流中的自我披露总是在封闭—开放、独立—连接的过程中动态变化。

正如1号受访者所说的，“我觉得机器和人的关系跟人和人的关系是很像的。我们可以正常地去交流、表达，但希望有一个度。人和人相处也应留有距离和空间。”“第一是我希望它能够达到某种程度的交流，因为如果它达到这种程度，我可以有更多的便利。第二是它虽然达到了这种程度，但我不希望它过多地干预我的生活。”“人与人之间都会有社会距离，要保持一定的社会距离，可能人际关系才会更健康地发展”。

未来可以从关系传播的视角研究人机传播，如从关系辩证法、仪式化理论等角度进行研究，也可以从人机－语言传播如语音交互、非语言生发性（non-verbal immediacy）、人机默契（social rapport）、机器人作为行动者的传播技能即传播能力（communicative competence）等方面来研究。人际传播可以通过许多方式增强信任感和社会默契，如通过小规模多次对话、自我披露、礼貌法则、“八卦”等，这些也可以用在机器人与人的交互中，从而使机器人获得人的信任。

未来的研究应该更深入地挖掘对机器成为传播者的理解，例如，人与机器的界限在哪里？在业已存在、不断加强的人与技术的关系中，我们需要思考、审视怎样的交际规范？何种因素使得人们在人机传播中使用不同的传播策略？人们对待机器采用了何种不同于人际传播的具体规则？机器人传递的信息对人们的影响如何？当技术产品成为传播者时人与技术是一种什么样的关系？人们如何理解人与虚拟行动者（virtual agent）的交互？通过人与机器的交互和传播，我们将建构怎样的社会？当传播与交流延伸到人与机器之间，传播的概念有何变化？其研究结果会对传播学理论和未来机器人作为传播者的研究有什么影响？在更大的层面，人们为什么要制造一个具有传播能力的机器并和它交互？

7.6　社会机器人创新被接受与扩散的可能路径

与计算机、互联网、智能手机等信息传播技术的扩散进程有所不同的是，对话型机器人技术的扩散是从家庭开始的，产品直接面对家用情境。那么，社会机器人创新被接受与扩散的可能路径是什么？本节将对此问题进行研究和解答。

7.6.1　接受社会机器人在家庭中使用的潜在可扩散人群

市场研究机构研究与市场公司（Research & Markets）的研究显示，消费级机器人预计在2023年达到150亿美元左右的市场规模。儿童教育市场和快速发展的语音交互技术是推动消费级机器人行业稳步发展的主要驱动力。

早期使用者推荐和分享机器人一般基于以下理由：一是机器人本身的技术相对优势，其功能满足特定群体的实际需求。例如，笔者从深度访谈中发现，社会机器人可能扩散的群体和潜在用户将会是年轻的父母群体，这从年轻父母受访者谈及他们在自己所在的社会群体中推荐机器人、谈论机器人话题和使用感受可以看出。年轻的父母群体面临照顾幼小的儿童和缺乏足够的时间陪伴年迈的父母的双重困境，他们关心如何运用技术帮助自己。

二是与社会规范的兼容性。社会机器人是一种仍在快速发展的新兴技术，作为一种身份标签和社会资本，在早期使用者有意无意地展示、谈论、分享和传播中通过口碑传播的方式被扩散。在扩散和人际传播中，机器人被人们描绘成一种“新潮的东西”，人们会主动向朋友推荐和展示，这是社会规范的影响，也体现了人际传播和社会网络中一个创新的观念在被传播、认知和说服的过程中“意见领袖”群体的作用。这样的受访者一般都是所在社群中科技方面的“意见领袖”，而购买、使用和分享机器人则加强了朋友对他们“很潮流”“很能跟得上时代”的看法。这种社会规范和对自我的认同一旦加深，就会促使作为早期采纳者的用户进一步通过人际传播和社交媒体传播的渠道扩散机器人产品信息。

传播渠道是构成创新扩散的另一个必要因素。人际传播是一种双向的信息交流，能够说服他人改变观念，在创新扩散过程中，人际传播渠道对说服他人采纳创新产品尤为重要。受访者都谈到了自己如何通过人际传播的方式主动向自己的亲友、朋友、同事等推荐和介绍机器人。借助于面对面传播的优势，个人更容易采纳创新产品。父母群体受访者提到：“一般会向生了小孩的同学和同事推荐，尤其是和我们一样，孩子还小的朋友，有一个机器人陪着孩子玩还是不错的。买来尝试一下总没有坏处。”受访者还谈到了在亲友来家里时会主动展示机器人的使用方法。

对于新媒介技术在家庭中的使用，人们最关心的是这些技术如何使他们更好地继续自己的生活。从儿童、青年、老年人等不同年龄段群体对对话型机器人的接受程度来看，不同群体对机器人有着不同的诉求。我们需要研究机器人如何嵌入与不同的家庭成员在家居情境中的活动，如儿童的使用、家庭成员和机器人互动、机器人给老年人提供信息和陪伴等更广层面的社会性使用。

在网络化和人工智能时代，孩子是伴随着不断进步的信息传播技术设备和物联网成长起来的，他们对游戏、知识的获取和认知、社交、休闲活动和学业有着完全不同的理解。这一批 AI“原住民”在成长过程中将开创和探索使用机器人的多样性，并建构出更多的可能性和意义。此外，未来还可以继续研究媒体如何将对话型机器人建构成为“流行的伴手礼”“新潮的科技”及将机器人未来的持续发展框架化为“威胁人类”等两极化的话语框架。

7.6.2　基于中国社会情境的讨论

我们需要认识到，人们对社会机器人的接受和回应会受到文化背景的影响。人们如何行动，如何与其他人和非人行动者如社会机器人交互，取决于社会、经济和文化情境，因此对当下社会情境的关照是不能忽略的。

罗杰斯认为，在构成创新扩散过程的四类必要因素——创新因素、传播渠道因素、时间因素和社会系统因素中，不可忽略社会系统因素的影响。

创新的扩散是社会变迁的普遍过程。扩散作为一种社会活动，也是社会体系的结构和各类功能发生改变的过程。人们对创新接受、采纳甚至拒绝及扩散的意愿都会对社会结构带来或明显或隐约的影响，并随之带来变革。与此同时，社会体系下的结构会加快或消解创新的扩散，社会体系下的沟通结构会对创新的扩散产生影响。

在对社会机器人这一技术创新的扩散过程进行考察时，需要关照潜在用户所处的社会背景。笔者通过深度访谈和问卷调查发现在中国文化情境下的机器人使用实践和接受意愿有一些不同于西方文化情境的研究结论。

这主要表现在：一是年轻的父母成为机器人技术的早期采纳群体，并将这一创新技术主动传播和扩散至其他年龄段群体，即年轻父母的采纳带动了家庭中儿童及年长的父母、长辈对机器人的使用。二是在中国文化情境下，机器人的潮流感知和被建构成未来发展趋势的表征所带来的同辈压力较大。三是相比于西方用户，我国公众对隐私考量持相对开放的态度，使得这一技术的采纳中可能产生的机器人带来的恐惧和隐私顾虑相对较少。

具体来说，在我国社会发展的宏观背景下家庭结构有所变化。从我国的社会发展来看，20 世纪末到 21 世纪初，我国面临着社会转型，伴随着的是科技与经济的深入发展，人们的生活方式和价值观念发生转变，家庭中的各项活动如消费也在改变、升级。城市家庭结构的变迁可以用“量”和“质”来表征：第一，表现为家庭规模进一步缩小，即家庭出现小型化趋势；第二，表现为家庭结构简单化，如夫妻和一个子女组成家庭的比例升高，这一升高趋势尤其反映在生命周期的中段。同时，每个家庭都面临居住方式的选择，即单身子女是独居还是与年老的父母共同居住，以及子女成婚及生育后是否与父母共同居住。

在互联网、通信技术快速发展的背景下，网络化个人主义成为社会操作系统[15]。家庭成为网络化的家庭，家庭成员通过信息传播技术移动地、虚拟地保持在一起。信息传播技术促使他们相互交流并协调彼此移动、独立的生活。

对于那些忙碌的双职工，在家庭物理空间相处的时间越来越少及与其他家庭成员分隔两地的现实困境使得他们主动采用新技术来更好地安排个人和家庭的生活。

从关于电视、互联网、电脑、智能手机等信息传播技术和产品进入日常生活的研究来看，每一种新的媒介技术进入家庭都会带来家庭成员间共享闲暇的生活方式的变化和调整。例如，受访者提到一家人如何围绕机器人进行互动。对话型机器人的使用使家庭成员之间或者远距离的两个家庭之间的连接增多了。在科技提供的保持联系的虚拟形式中，对话型机器人在家这一物理空间的存在让受访者感到“更安全”，获得越来越多的连接感。正如受访者谈到的，“白天在外上班，中午可以通过机器人看看孩子在干什么，可以和家里的老人和孩子视频通话，可以让机器人给孩子辅导功课等”，以及“在自己分身乏术的时候给予孩子一定的陪伴和娱乐”。因此，在我国传统的育儿观念和家庭观念下，年轻的父母成为机器人这一技术较大的采纳群体。

在人口老龄化的时代背景下，随着技术的发展，未来机器人可以被应用到老年人的护理与照料等事务中，满足老年人社会联系的需要。随着机器学习、情感计算技术的进步，机器人具有的情感陪伴价值也会凸显。例如，对于早期采纳者中的老年人来说，机器人一般是子女、亲友购买的，对话型机器人以其易用性（“跟它说话就行”）、有用性等特征不仅可以给老年人提供有用的信息和多元化的娱乐，使其享受科技红利，也可以连接相距较远的两个家庭。

改革开放和城市化进程中的人口迁移和流动使得传统的家庭养老观念逐渐弱化。在访谈中，已离开故乡、迁至大城市的年轻一代谈到了未来父母养老的话题，认为随着技术和相关保障制度不断完善，具身化的机器人未来可能会进入父母的老年生活。“父母如果在老家或者外地……当他们有什么事情，如果有智能设备协助，我会放心一些。”（6 号）年轻群体对机器人与老年人未来的生活表达了自己的看法。“父母可能接受不了去养老院，他们更愿意在家里，但我们又不在他们身边。如果以后这种远程机器人技术比较发达，我肯定会买一台放在家里，万一有什么事，比如父母跌倒了，不方便打电话的时候，机器人可以马上呼叫，我可以看到他们跌倒在什么位置，现在是什么样的状况。”（18号）

我国互联网和移动互联网的渗透率较高，相对于西方来说有着更加稳固的民众基础。产业互联网的快速发展和“互联网+”的政策背景使我国已经成为全球最大的数据生产国，并拥有良好的移动基础架构，具备了智能机器人时代发展所需的基础“燃料”和海量数据。因此，人工智能和机器人技术将会呈现自己的特色和优势。

同时，我国已逐步进入建立在普适计算机化理念基础之上、由数据和交互架构而起的信息社会，这种结构性的规制力量也会驱动资本和商业推动机器人的扩散，建构机器人作为社会信息潮流和家庭成员的媒介框架。

7.7　人工智能改变日常生活的展望

当今社会，物理空间可以与虚拟网络实时动态地连接起来，提供个性化的信息。未来，用户将会使用一个通用的对话型机器人作为个人助理来控制所有的家电设备和移动设备及设备与人之间的交互。对话型机器人会收集和传输信息，以人工智能助理的形式成为用户与家居系统交互的媒介，成为人与外界进行信息交互的入口。这种发展趋势会带来哪些影响？

7.7.1　日常生活中的社会机器人化

正如福尔图纳蒂、埃斯波西托（Esposito）和卢加诺（Lugano）提出的，社会已经迎来机器人化，这一过程已逐渐渗透到现代日常生活中[5]。新的载体形式下机器人对既有生活方式进行解构，如以智能体、智能化个人助理（automated personal assistants）、环境感知性的帮手的形式进入日常生活。泛在的社会机器人化（ubiquitous social roboting）将使机器人和机器人化的家居设备变得无处不在。同时，社会机器人还会渗透到信息传播网络中。例如，在推特等社交媒体平台上越来越多的聊天机器人账号在隐性地、时时刻刻地参与信息传播和社交网络，并对政治、经济和社会产生巨大影响。

社会机器人化的过程涉及人们日常生活的方方面面。日常生活中的机器人化的交通工具和家用电器包括自动驾驶汽车、能够识别衣服重量的智能洗衣机、能够确定衣服类型的洗衣机、能够测量洗涤剂的洗衣机、能够读取商品标签的冰箱、能够发送牛奶即将喝完信息的智能冰箱。在家居情境中，这些机器人化的交通工具和家用电器的发展逐渐成熟，并且是基于用户友好性的原则进行设计与迭代的。

可以预见的是，未来30年，超链接的触手会不断延伸，把所有的虚拟空间的比特和实体空间中的物质相连。例如，在家居物理空间中，通过芯片的植入实现数字化管理。正如凯文·凯利在《必然》中设想的，除了目前已经实现的人们可以通过手机操作恒温器和音乐播放器，未来整个世界的任意物理维度，无论是人造的还是天然的，都可以通过网络和其他设备与人产生链接。

在普适计算基础上，万物互联的时代已经悄然到来。所有错综复杂的数据和看不见的信息转化成可感知的信号，社会再生产领域的物理环境和虚拟在线环境中流动的数据将即时地被机器人收集，转化为可感知的信息。日常生活的流程将变得更具动态性和适应性，而不是一条直线上若干节点的集合。生活的流程将不再是线性的，而是由机器人作为人的代理者、帮手和朋友实现多任务的开展，生活日程中的各项事务将变得更具连接性。

7.7.2 社会机器人成为一种环境

传播学者彼得斯认为，技术及其构成的中介环境在传播中扮演了至关重要的角色，“媒介是环境，环境也是媒介”。“在最理想的状态下，媒介理论帮助我们更好地了解我们生活的环境”[198]。日常生活被媒介化，意味着媒介充当提供生活导航图景信息的参考中心，而互联网和多种多样的网络传播技术加速了这一进程。这不仅是因为人们依赖互联网进行人际传播，而且是因为技术的发展正使得媒介移动化。

彼得斯认为，人类对媒介的认识有两个维度：一是媒介作为传递工具，是信息的载体；二是有关媒介的非器具性维度，即“作为装置的媒介”如何将一个人工的世界创造出来并带来全新的体验[198]。随着大数据、机器学习等运算能力的加强，媒介已经在环境中无所不在。赛博格（cybrogs，即机器与人类有机体融合的半机器人）的出现则进一步表明，媒介已不仅仅是人的感官的延伸，而是逐渐与人类无法分开[199]。机器人和语音交互技术在日常生活中的使用将场景从实体空间的固有框架中抽离出来，人们可以实现同时置身于多个场景中，并频繁地穿梭于不同的场景间。

技术哲学家唐·伊德提出人类和科技有四类关系：体现关系、诠释关系、异己关系、背景关系。其中值得注意的是背景关系。这类关系中的科技制品是在日常实践的脉络中运行的，而不会被带入行动的情境，如电、暖气等自动与半自动的科技系统。我们生活在这种科技系统之内，却不会有意识地关注它们。我们时常无法得知自身生活的哪些层面是被这种科技体系所制约的。

如今，各种新旧媒体彼此适应和共存共生，它们构成了个人或者家居生活中的“媒体家具”（media ensemble）。社会机器人逐渐成为日常生活中的“陪伴者”与“背景板”，帮助建构新的家居环境。正在蓬勃发展的机器人技术在日常生活中的嵌入使得日常生活成为流动的关系空间，自动化和机器人成为生活和社会关系的日常基础性架构，媒介全面地嵌入人类世界。

7.7.3　用户对社会机器人进入日常生活的思考

在物联网的基础架构下，机器人未来能够更好地对其他能动者做出回应吗？在深度访谈中，许多受访者认为，机器人进入家庭生活领域是必然趋势。27名受访者根据自己的使用体验，在访谈中从人性化、拟人化、安全性、与人的深度融合、连接性等方面表达了对未来机器人发展的展望和畅想（表7.9），但前提条件是“并不希望它过多地干预我的生活”。

表7.9　用户对社会机器人发展的愿景

树节点	对机器人功能的期待	对机器人多元化身份的期待	发展带来的担忧
子节点举例	自由移动	个性化定制	对工作岗位的威胁
	更智能	智能性	隐私担忧
	人形外观	陪伴和亲密关系	技术失控的风险
	“更懂我”	社会距离	人的生活技能退化
	“解决社会问题”	定制服务	“人变得很懒”

第一，在深度访谈中，受访者表达了对人形智能机器人进入家庭的接受意愿与看法。27名受访者中有20名受访者表示很愿意接受未来机器人越来越多地进入家庭，对于机器人的人形化趋势可以接受。受访者表示：“我觉得这种移动的、更加懂得人的需求的机器人应该挺有用的，而且这肯定是趋势”（10号）；“移动的人形机器人帮人干活肯定更好”（12号）；“我挺乐意接受这种智能性的人工智能产品走进家庭的”（17号）。多名受访者认为，未来的家庭形态会随着机器人和人工智能技术的发展而不断改变。“我觉得以后的家庭形态应该也是这

个样子的，可能有一个机器人管家”（6号）；“我觉得这个（机器人）未来肯定是趋势，而且传感器越来越便宜，所以未来的家庭场景是机器人应用很多的场景”（18号）。

1970年，日本机器人专家森正宏提出人们对机器人接受和喜欢的程度与机器人外形似人化程度之间的动态关系，即“恐怖谷”理论。该理论认为，在机器人外形似人程度不断提高的初期阶段，人们会感到欣喜和兴奋，但是当机器人的人形化特性达到某种程度后，或许是出于生存竞争的本能，人们反而会表现出极大的消极抵触和厌恶，因此接受意愿的曲线出现急剧下降。

研究显示，机器人的类人化属性会影响人们对机器人的接受程度及反应，如与机器人合作等[196]。人们会对社会机器人有拟人性的投射，即从社会机器人的设计中感受到对其赋予的社会职能。机器人的人性化特质会使得人类合作者将人形机器人当作人一样对待。人们在一些需要更高社交性的工作中更倾向于接受人形化的社会机器人，因此人们会期待机器人的外形及行动与他们被指定的任务相匹配[30]。

对人形社会机器人的接受度和对机器人的想象涉及复杂的社会文化心理，具有不同的文化与宗教背景的人有较大差异，如日本人更乐于接受机器人扮演的人类陪伴者的角色[182]。

第二，受访者谈到技术创新的初衷应该是解决社会问题，即机器人的设计发展愿景应该是解决社会某个群体如老年群体的问题。例如，受访者谈道：“我认为机器人未来应该解决社会问题。比如老人住得远，生病了要去医院就诊，有的时候老人不跟孩子住在一起，远程机器人就可以帮助呼叫医生，和医生通话，给老人测血压等。当老人跌倒了，机器人可以马上呼叫老人的孩子”（18号）。

第三，受访者提到未来对机器人承担多元化角色和职责的期待，如成为个人助理、帮手甚至情感陪伴者，但在这个过程中要和机器人保持适当的社会距离。“机器人不会受金钱的诱惑，会一直在身边”（9号）；“它可以很智能，可以帮我们处理很多事情。但关于我的隐私、我们的生活，我并不希望它介入过多。未来如果是这样的一种状态，我觉得应该是一种比较舒服的状态”（8号）；“就像人和人之间要保持一定的社会距离，关系才会健康发展一样，人和机器人之间也是这样的”（1号）。

7.7.4 社会机器人进入日常生活带来的隐忧

尼尔·波兹曼提出，每一种技术都是利弊同在的，并不是非此即彼的二元结果。用户在访谈中提到，随着机器人的发展担忧也随之产生，如“对工作岗位的威胁”“隐私担忧”“技术失控的风险”“人的生活技能退化”“人变得很懒”等。正如尼古拉斯·卡尔在《玻璃笼子：自动化时代和我们的未来》中提到的，对自动化的依赖会造成“技能的侵蚀、感知的迟钝和反应的迟缓”[200]。

社会机器人的发展将使现有的传播秩序、社会规范、道德伦理与认知常识发生改变。人类的许多生活需求可以被大量的智能机器人有效满足。进一步的自动化产生了许多正面效应，如更多的人获得了更好的健康管理和教育条件，但也会带来许多问题。

可以预见的是，大量智能机器人将进入生活、健康、教育和娱乐等社会再生产领域。随着机器学习、计算运力的指数型增长，自主性和决策判断能力越来越强的机器人将不仅在工业领域成为人们的工作伙伴，在生活领域也将成为人的陪伴者，甚至是人们共同生活的对象，机器人在某些方面的能力已被证明接近甚至超过人类。

对机器人发展的价值反思与伦理建构的讨论与研究是回应日常生活的社会机器人化的必要基础。正如有学者提出的，舆论中充斥着人工智能即将碾压一切这类对机器人既期待又恐惧的话语，普通大众和媒体都在喜忧参半地讨论着未来机器全面取代人类劳动力的场景。人类既憧憬着新科技能够解决当下世界的结构性矛盾问题，又感慨和担忧人类的主体性可能会受到巨大威胁并因此消退。

人工智能和机器人技术的变革或将构建以算法为主导逻辑的社会，自动传播技术将改写整个信息传播系统，内嵌于其中的算法秩序将重新组织人类社会。在这一过程中，自动技术是信息传播系统中的自动力量，成为传播新生态中的稀缺资源。掌握与运用这些自动技术对人类社会具有重要意义。我们需要反思的是，未来社会机器人在社会经济生活中的哪一种社会角色将会被接受、被认可，由机器人扮演的社会角色、承担的社会职责与人类社会现有的传统伦理将产生怎样的冲突，人和机器人的关系将如何被重塑。

1. 技术性失业：机器人对工作岗位和工作模式造成的威胁

一方面，机器人威胁工作岗位的论断近年来屡屡见诸报端，文章标题也多有耸人听闻的倾向。许多科学家和企业家如比尔·盖茨、霍金、埃隆·马斯克等都就机器人技术发展带来的威胁对公众提出警告，认为机器人和人工智能存在毁灭人类的威胁。另一方面，机器人在工业领域的广泛使用掀起了“机器人换人”的浪潮。机器人已经从工业生产领域向社会非物质再生产领域渗透。高德纳公司

（Gartner）的报告显示，到2025年，自动化将使得全世界减少1/3的工作岗位，47%的工作岗位将面临自动化。机器会取代低技能性和不熟练的劳动者，职业技能两级化趋势将越来越明显，专业精英和低端人才之间的鸿沟将越来越大。

可以预见的是，随着社会机器人智能、社会属性和类人性的增强，未来越来越多的非物质生产领域如信息服务业中，机器人和人工智能将取代部分人类工作岗位并完成工作任务。从简单的体力劳动到在精密的标准下高效率地生产和加工，再到信息服务，机器人一直在不断降低工作场景中对人类劳动力的需求。这一发展趋势会对工作内容单一、职业技能不可替代性较低的劳动者产生巨大的冲击。显而易见的是，因为机器人劳动力的入场，原有的雇佣制度和生产关系将会改变，掌握资本和核心技术资源的群体将获利更多，而职业技能升级缓慢、工作任务相对简单的劳动者将可能被淘汰，收入分配的差距会进一步拉大，这也是未来社会发展需要警惕的。我们需要警惕算法平台和机器人所有者的“霸权”，以及由此带来的获利和财富集中、就业不平等和贫富差距越来越悬殊的问题，而这是否会带来一场席卷全人类的涉及工作岗位和不平等问题的危机是值得所有人深思的。

2. 人工智能和物联网时代带来的隐私担忧

隐私是公众是否接受社会机器人的重要的考量之一。随着终端传感器的普及与使用，个体隐私的收集在万物互联的全景式监控下将无处不在。社会机器人技术所具有的感知智能化、自主智能化愈加造成了隐私信息的透明化。在“机器人越来越智能、越来越懂我、越来越人性化”的自主性智能化背后，需要的是对大量的即时性数据的收集和算法模型的训练，以提高机器人的理解力和决策力。机器人智能化感知物理环境、无所不在并且随时随地的收集数据的技术属性使得隐私问题成为需要在机器人被大规模采用之前必须解决的问题。

在以物联网为标识的信息社会时代背景下，应该如何建立保护个人隐私权的边界？从交际隐私管理理论（communication privacy management theory）来看，个人与公共之间存在着基于社会规范与准则的隐私边界，即个人愿意与公众分享隐私的界限。控制与信任是交际隐私管理理论的两大核心，一方面用户希望对其隐私的界限有完全的把控，因此他们会高度关注其隐私信息是如何被收集与使用的，另一方面是用户对共享隐私的对象的信任程度。

此外，用户对隐私的理解不是固定不变的，而是根据情境动态变化，与具体的发生场景紧密相连。用户对隐私和隐私被侵犯的理解在一定程度上会受到所处环境中技术、文化、制度和自我意识等因素的影响。从这一点来说，隐私作为主观概念会受到用户隐私观念变化的影响。当个人数据的共享与挖掘无法避免时，我们需要思考的是：当数据收集涉及个人隐私时，对此类数据的利用如何才能符合伦理道德？在什么样的情境下用户可以向机器人和人工智能系统让渡对个人数据和隐私的共享？

关于网络隐私的保护已经有许多相关法律法规出台。例如，我国在2009年颁布的《中华人民共和国侵权责任法》首次明确提出对隐私权进行法律保护，随后出台的一系列法规进一步完善了公民隐私信息保护体系。2014年欧盟提出“个人信息被遗忘权”，2018年5月欧盟出台被称为“史上最严的数据保护条例”的《通用数据保护条例》，并成立了欧盟数据保护委员会（EDPB）。

有学者提出，人工智能发展中人们隐私顾虑的增加和人工智能系统越来越不透明是相关的，因此对技术“黑箱”进行解释就变得越来越重要。当人们对复杂的机器学习算法的黑箱属性感到不安的时候，其个人信息披露就会减少，对于技术的信任感就会降低。因此，解释黑箱的隐患需要学界和业界引起重视。有学者提出，未来需要“人工智能系统的解释员”进行工作，这一工作是为了保证公众对机器人有正确的理解和客观的认知，弥合人工智能系统设计者、机器人研发者与公众之间认知的鸿沟，以确保系统和信息获取、使用的透明性，提高用户对人工智能的信任度。

随着人工智能、大数据分析和机器学习的发展，应对隐私伦理所带来的挑战不能再运用只依靠科学家、伦理学家或决策者单独行动的传统手段，而需要更多部门和学科的协作，以及在更大范围内的利益相关者的共同行动。例如，通过提高数据被收集和使用的透明度、建立新型的个体隐私观、寻求合理的伦理决策点及搭建共同价值平台等方式或能逐渐消解机器人进入社会生活领域被使用而引发的关于隐私问题的矛盾。

3. 机器人伦理

“道德合规经理”“自动化伦理专家”“人工智能系统的训练师”“机器人人性特征训练师”“数据卫生员”“机器关系经理”等在人工智能时代应运而生的新职业将不断涌现。这些岗位的工作将缓解大众因人工智能指数级突破而感受到的不适应及由此产生的担忧与恐惧，使人类能够更加客观、全面地看待机器人及人工智能其他应用的发展。

为探究复杂工具与人类的关系，机器人伦理的研究在逐步开展。例如，阿西莫夫提出的机器人法则将人类安全放在首位，确定了机器人作为人类助手的从属地位，认为机器人的行为应受到人类伦理规范的制约，这一理念为机器人伦理的发展奠定了基础。

随着机器人自主性的提高和智能化的进步，机器人发展可能失控甚至机器人反噬人类主体地位的争议引发了人们对机器人伦理的审视与讨论，思考人类现有伦理关系是否可能被颠覆，机器人能否和人一样具有道德能动性。机器人伦理学学者如韦鲁吉尔（Veruggio）、欧佩托（Operto）、贝克（Bekey）等认为，鉴于现实中的机器人远未发展为道德能动者，在机器人所涉及的伦理问题中，道德能动者依然是与之相关的人，相关主体的价值取向、行为规范、责任分配、伦理抉择等研究可从一般的工程伦理及专业伦理的角度切入[201]。

技术发展的成果应该惠及不同人群和持不同观点的人，避免技术发展所带来的负面效应蔓延，对机器人的社会行为进行监控，使之造福人类，避免其被用于危害人类。

针对机器人发展带来的伦理争议问题，各国纷纷出台相关的政策法规和行业守则。第一，为预防人形机器人进入某一社会场景后可能带来的安全隐患，各国政府出台了各种法律和政策在功能设置和使用规则等方面对机器人进行规制，如日本推出了家用和办公机器人的安全使用指南，韩国制定了《机器人伦理章程》等[182]。第二，作为机器人打造者的工程师群体遵守共同约定的伦理守则十分重要。因此，“机器人工程师的伦理准则”被提出，对机器人工程师在设计研发阶段应当承担的伦理责任进行了规制和明确，并规定将道德价值嵌入设计中，以增加全球不同国家的机器人工程师、客户与终端用户等不同群体的共同福祉。第三，关于机器人伦理的研究和规则制定应更多地转向人与机器人互动的视角，机器人在日常生活中将遇到各种复杂情境，应明确机器人的设计和具体的使用应该遵守何种伦理规则和道德与价值标准。第四，在不同国家和不同文化情境下，公众对机器人的认知及其具体担任的社会角色的接受意愿有所不同。例如，将机器人看作人的友好伙伴的日本民众与西方国家的民众相比，对于机器人应该具有的价值负载、伦理规范的看法会有差异。因此，在不同国家和不同文化情境下，机器人需要遵守的细化的伦理守则和价值规范是否应有所调整、何种规则具有跨语境的通用性等问题需要进一步研究。

7.7.5 人机关系：应摒弃二元对立视角

在社会机器人逐步进入日常生活的时代，我们需要思考的是，新的技术该如何为人类服务，它最终的目的是什么，作为主体的人的身份和人机关系会如何改变。

赫夫利西（Höflich）认为，人机关系不是简单的二元关系，而是应该放在将社会机器人作为交往对象、传播对象的语境下考虑[202]。人机协作时代即将到来，人机对立的二元关系将转变为人机协作的关系，人与机器人对立的界限将被消融。

传播学者约翰·彼得斯（John Peters）曾说，每一种新技术的出现都会带来“他者认同”的问题。新的技术时代，人类如何定义自身、如何看待人与机器之间的关系等命题以一种迫切需要回应的姿态出现。

乐观派认为，技术是身体的延伸，赋能人类去做以往做不了的事。机器不是人的对手，而是人的伙伴，机器不可能具有人的创造力、对复杂信息的解读能力和判断力。以人工智能和机器人为代表的技术将人类从程序化的工作任务中解放出来，重新聚焦于人的特点、人之为人的本质。

悲观者的观点则相反，他们认为技术与人类是消长的关系，新技术让人们遗忘了动手能力，将智能给了机器，技术的危险之处在于人类天生拥有的能力会因为新技术的出现与功能完善而被慢慢遗忘。例如，微软创始人比尔·盖茨、著名科学家史蒂芬·霍金、特斯拉创始人埃隆·马斯克等都认为人工智能极有可能给人类造成毁灭性打击。

美国当代技术哲学家唐·伊德认为，技术既非人们身体的一部分，也非人与外部世界的中介，而是作为他者或准他者（quasi-other）与人们相遇[108,203]。当技术脱离人的控制时，如机器人独立于人存在时，便构成了他者的关系[204,205]。

人和机器人的矛盾和冲突正是人和技术之间准他者关系的体现。与其说技术的发展带来了危机，不如说这种冲突本源来自人类自身。机器人对人的全面模仿甚至超越警示人们对人类生存状况进行反思，拷问人类“人何以为人”的本质问题。正如凯文·凯利提出的，在人工智能技术获得指数级突破的时代，“什么是人类”这一永恒的问题将成为我们需要不断思考的核心命题，技术的发展带来的是大范围的、全球领域的、何为人类的身份危机。

因此，将人和机器视为争抢工作的对手这种二元化的视角比较浅显和单一化，忽视了双方在缺失的中间地带强大的合作潜力。麻省理工学院的研究表明，人机协作可以有效改进业务流程。针对宝马汽车公司的一项研究表明，汽车制造工厂的人机协作模式比人或机器人单独生产的模式生产力高出85%左右[206]。程序化的装配流水线正在被人机紧密协同合作的团队取代，具有感知、理解、行动和学习能力的协作机器人（collaborative robots，即 cobots）实现了工作流程的自适应操作。协作机器人系统由工人操控，工人指导每辆车的制造过程，像一个指导员，机器人则成为工人身体的延伸。一方面，人类正在制造、驯化和管理机器人；另一方面，机器人和人工智能正在增强人类的能力。

麦肯锡咨询公司在 2015 年发布的报告《工作环境自动化的四个基本方面》（*Four Fundamentals of Workplace Automation*）提出，随着体力劳动力及知识性等非物质生产的虚拟信息工作的自动化程度的提高，大部分工作岗位至少在短期内不会直接被自动化和机器人取代，但是肯定会被重新定义[206]。随着人工智能技术的发展，那些重复性的工作会被新技术所取代，而新技术催生的新职业和新工种需要的人才则供不应求，人类将从冗长乏味的流程性事务中解脱出来，专注于复杂、更需要创造力和情感共鸣的事情。机器人最大的优势不是取代人类的工作岗位，而在于补充和增强人类的能力[205]。在认识到人和机器人的相对优势后，机器人做它们擅长的事情，人类做自己擅长的事情，这才是人机新兴共生关系的未来愿景。

对于学界来说，未来需要加强与机器人相关的各种伦理、道德和法律研究，如如何确保人工智能系统有益无害，如何让公众理解机器人和人工智能系统作出的决策，如何明晰哪些决策可以交给机器作出，哪些需要人为干预，并且在这个过程中建立问责机制。

7.8 小　　结

本章对影响人类对社会机器人接受和使用的关键因素进行了讨论。第一，对人口统计学变量中的家庭构成类型、年龄、教育程度等变量进行分析，提出可能接受机器人的具有某些人口统计学特征的群体。第二，从社会系统因素考察中国情境下社群、主观规范等因素对人们接受与使用机器人的影响。第三，对机器人的功能特性进行分析，认为机器人的天然对话性降低了人们的使用门槛，可让老年人等群体享受科技红利，减少了信息鸿沟。第四，对网民获取机器人相关信息的常用渠道进行分析，认为人际影响、社交网络平台上的口碑分享对于网民接受社会机器人进入日常生活产生影响。第五，对网民的机器人影视文化消费的程度与对社会机器人的接受度进行分析，认为较多的机器人影视文化消费会使得网民个人对机器人的认知更加多元，也更容易接受其进入社会再生产领域中的服务岗位。第六，对用户的隐私悖论进行分析，认为人们总是在隐私让渡和获取便利上权衡边界。

社会机器人化逐渐渗透到日常生活中，本章针对用户对机器人技术未来发展的期待与愿景、顾虑与担忧进行了分析。由于智能机器人目前正处于加速发展的时期，有关这种发展可能失控的问题引发了广泛关注，不少人担心人类现有的伦理关系可能被颠覆。本章从泛在社会机器人化的来临、用户的隐私悖论、人机关系的视角、人际传播面临的问题和思考等方面进行了分析。新的技术时代，人类如何定义自身、如何看待人与机器之间的关系等命题以一种迫切等待回应的姿态出现。

第8章　结论与启示

全球知名市场研究咨询公司美国市场调研公司（Markets and Markets）2021年10月发布的报告指出，全球智能机器人市场预计将从2021年的69亿美元增长至2026年的353亿美元[207]。社会机器人将在日常生活和不同的社会情境中服务于不同年龄段的群体，并将以最大限度的似人性被内置于各种应用中。社会机器人的接受度和易用性及经济、伦理、法律和社会影响与标准化问题也亟须解决。

本书的研究路径如下：一方面，新传播技术不断涌现，要求研究者重新审视以往的传统媒介研究，而新传播技术在消费市场的快速渗透也要求将日常生活的使用场景纳入考量。因此，在第一部分的研究中，本书以“人们如何运用中介的手段和机制展开他们的生活”为核心问题，形成一条研究思路，聚焦于用户在家居使用情境中与社会机器人之间的互动，展示丰富的阐释潜力和启示。

另一方面，传感技术、数据分析的进步使得机器人的应用场景得到扩展。新技术改变了人和人相互关联的方式，社会机器人将深入渗透到社会再生产等日常生活领域。因此，本书针对以网民为代表的中国公众对社会机器人不同社会角色的接受意愿进行了研究。

8.1　研究结论和局限

本书针对社会机器人这一新传播技术在大众日常生活中被接受的意愿和应用范围进行了研究。首先，基于对话型社会机器人用户的深度访谈和参与式观察，描绘了社会机器人进入使用者的日常生活并参与相关活动的图景。其次，通过对网民的问卷调查分析影响网民对社会机器人接受意愿的影响因素。最后，分析社会机器人发展的愿景和隐忧、对社会可能带来的正负效应等。

8.1.1　研究结论

本书中的研究从使用者的角度开展，是对于过去有关信息传播媒介消费的民族志研究的补充和对新媒介技术情境研究的拓展。一方面，笔者基于对社会机器人使用者的访谈考察社会机器人被形塑的过程，通过审视社会机器人被采纳的即时性情境考察在驯化的过程中用户所起的作用。另一方面，笔者将使用机器人的行为研究结果提炼后与对网民的采纳意愿的研究相结合。

本书主要研究内容和结论如下：

1）将对创新技术的接受意愿与采纳后的行为即实际使用情况两部分结合起来考察，并提出，与西方文化情境下的研究结论相比，中国文化情境下的机器人使用实践和接受意愿有所不同。这主要表现在：一是中国公众比较重视机器人的易用性；二是社群中的同辈压力对于机器人的采纳和使用产生正向影响；三是年轻的父母作为这一技术的早期采纳群体对创新扩散具有带动作用，他们会将这一创新主动传播和扩散至其他年龄段群体；四是相比于西方用户，我国公众对隐私考量持相对开放的态度，使得在这一技术的采纳中产生的恐惧和隐私顾虑相对较少；五是在中国文化情境下，机器人的潮流感知和被建构成未来发展趋势表征的社会规范和同辈压力更显著。

2）考察了早期采纳者的使用情况，并认为，用户在技术的普遍化、稳定化使用过程中是重要的驯化力量，新的技术形式不会被简单地吸收，它面对日常生活时也不会保持原样，对话型机器人的中介性行为拓展了用户的时空。本书通过质性研究辨析了用户在家庭中使用社会机器人的类型图谱，即稳定化为工具性互动（信息消费、获取）、享乐性互动（娱乐性互动、聊天）、情感性使用（陪伴、具身化的替代式陪伴）、中介性使用（控制中枢、链接家庭不同部分、传播媒介）四种使用类型。随着普适计算和物联网的发展，未来日常生活的流程将变得更具动态性和适应性，而不是成为在一条直线上若干节点的集合。

3）对社会机器人在家庭情境中的稳定化过程进行研究，总结社会机器人在家庭情境中的三种角色和定位：①作为中介的社会机器人；②作为陪伴者的机器人；③代表使用者的身份标签的机器人。提出了社会机器人的使用给家庭带来的影响：社会机器人的技术可供性将使家庭内的劳动进一步减少，拓展家庭间的集体性行动，增进家庭成员的关系。

4）阐释了不同类型的用户如何驯化在家居情境中的社会机器人，并辨析出早期采纳者群体，即热情的父母、作为AI“原住民”的儿童、享受科技红利的老年人、注重生活品质的单身青年。

5）分析了中国网民对社会机器人四类角色的接受意愿，即对于社会机器人作为工具代理者、作为专业技能者、作为家庭看护者、作为家庭成员的接受意愿。研究发现：①机器人功能特性中的感知易用性如语音交互等天然的低门槛使用属性对接受意愿影响最显著；②社群影响、感知流行等社会系统因素正向影响网民对社会机器人的接受意愿；③人口统计学因素中的家庭构成类型、年龄、受教育程度和婚姻状况等因素显著影响着网民对机器人四类社会角色的接受意愿。总体来说，年龄在30～44岁的已婚已育群体对机器人各类社会角色的接受意愿均较高。此外，人际传播渠道、机器人作为潮流和发展趋势表征、机器人影视文化消费、隐私悖论也影响着人们对机器人的接受与使用意愿。

6）通过对用户的日常使用经验进行分析，对实际生活情境中的人机传播效果进行了考察。研究发现，人机传播尚处于起步阶段，用户对机器人对话的感知依然有许多期待改进的地方；不同年龄段的用户对人机传播的反馈有所不同，如老年群体在人机传播中更多地运用人际传播中的礼貌法则。

8.1.2 研究局限

本书通过对对话型机器人使用者进行深度访谈了解使用者的驯化使用情况，以网民为样本了解中国公众对社会机器人的认知和态度，在抽样方法和样本选取上存在偏差。

第一，对深度访谈的受访者采取了判断抽样的方法。不可否认的是，该类抽样结果一定程度上受到研究人员的倾向性影响，主观判断造成的偏差无法完全避免，而这容易导致抽样出现偏差，因而不能直接对研究总体进行推断。

第二，本书只对27名使用者进行了深度访谈，访谈人数还够多，且异质性程度不够充分，也会影响到研究发现和理论拓展的普适性。

第三，本书采用使用对话型机器人三个月以上这一筛选标准选取访谈对象，进行的是截面式的研究，而没有采用历时性研究的方式。必须承认的是，随着使用时间的增加，使用者对于机器人的使用情况和意义的诠释可能会有所变化。

第四，社会机器人技术突飞猛进，产品形态更新迭代十分快速，本书针对使用对话型机器人的用户进行研究，而这一产品并不能完全反映正在发生变化的社会机器人的产品形态和所具有的技术功能，因此研究结果的普遍适用性有待检验。

第五，所设计的调查问卷在导语部分未将社会机器人的定义与涵盖的范围明确地以示例、图片和注释的方式提出，因此网民可能会根据自己的印象对社会机器人进行界定，将社会机器人的概念限定为人形化的机器人，可能导致问卷的填答受到影响。这也是未来的研究中需要注意的，即网民头脑中的社会机器人与学科界定上的社会机器人是否存在差别。

第六，研究中依照中国网民结构的样本抽样标准选取问卷调查被访者，并以此考察网民对社会机器人的接受度，但因受人口统计学特征等因素影响，样本结构与中国互联网络信息中心发布的中国互联网网民结构不可避免地存在些许差异。此外，网络民意不能完全代表公众意见，网络民意和真实民意之间依然存在偏差，这使得在将本书的研究结果推及我国公众的广泛范围时需要慎重。未来可通过问卷调查等多种研究方法对包括网民和非网民在内的社会公众的意见进行更加全面的调查研究。同时，本书在网民对社会机器人接受意愿的影响因素模型建构过程中未研究不同自变量之间及其对接受意愿不同层次、不同方式的影响，并进一步区分其影响机制的模式，这是未来需要深入研究的方向。

8.2 研究启示

8.2.1 理论启示

本书中的研究带来的理论启示主要有以下四个方面：

第一，从技术的社会建构的研究视角，认识到人的能动性、人在社会活动中对科技的创造性使用及科技可供性所具有的社会效能。研究从新媒介技术——社会机器人和日常生活的路径展开，发现两者具有相互呼应性；社会机器人在日常生活中的渗透具有一定的社会和技术背景，扎根于时代变迁的土壤。英国文化研究学派的技术驯化理论是从家庭中电视的使用开始的，之后被拓展至手机等移动媒介的驯化使用上。本书将这一研究路径拓展至社会机器人技术，是对在新的社会结构情境下、新的技术形态下技术驯化理论的适用性的进一步拓展。

第二，通过对真实使用者进行质性研究探究中国情境下的个人特质和社会规范等因素是否对中国网民的接受度产生影响，并尝试在针对社会机器人创新接受与使用的调查研究中体现理论的普适性和与本土的结合。

第三，将创新的接受意愿与采纳后的行为即实际使用情况两部分结合起来考察，以避免罗杰斯所说的“只关注创新采纳的偏向性”[12]。

第四，本书中基于使用者的人机传播研究是对人机传播研究的拓展，对人机传播和人机交互领域未来的发展具有一定启示。在不远的将来，人类用户、机器人、赛博格将共同在算法平台中交互传播，构成人机社交传播网络。人机传播充分发挥了人机多元交互传播作用，在整个传播网络中涵盖人与机器一对一、一对多、多对多等多样的传播模式。通过对使用者进行深度访谈，笔者认为，未来人机传播领域的研究应更多地聚焦于人和机器互动的语境理解特定情境下人机传播模式的异同。

8.2.2 对机器人设计者的启示

本书中的相关研究对机器人设计者具有以下启示：

第一，本书关注了人们对社会机器人的采纳意愿和采纳后具体的使用行为。通过对使用者的质性研究及以中国网民为样本的社会机器人接受意愿问卷调查结果，可以大致了解对机器人接受意愿较高的群体的人口统计学特征和早期采纳者群体的特征。

第二，本书的研究启示未来应更多地挖掘家庭构成类型多元化的群体及早期采纳者的使用经验，尤其要关注已婚已育群体、男性群体、老年群体等如何赋予机器人不同的社会角色，如何将其嵌入自己的生活并勾连娱乐、家庭和信息获取。

第三，相关研究可为机器人产品适用的具体情境和在日常生活中的角色设计与研发提供参考。本书研究了中国网民对社会机器人扮演的四类社会角色、承担的各类社会职责的接受意愿。每一类社会角色（工具代理者、专业技能者、家庭看护者、家庭成员）都对应有着不同外形、不同应用场景、不同功能特点的机器人产品，这背后隐含着用户不同的诉求。笔者发现，不同的社会群体总是需要在即时生发的环境中为了解决特定的问题和任务而寻找合适的应用并使它的使用合理化。因此，本书进行的早期使用者的使用情况研究对人机交互领域未来的研发具有重要意义。

第四，研究表明，中国公众对机器人的接受进程中，机器人技术自身的感知易用性对接受意愿产生了显著的正向影响。这对于未来机器人的研发设计具有一定参考价值和指导意义。社群压力、人际传播渠道对于公众对机器人的接受意愿产生显著的正向影响，这对于未来机器人产品的推广具有现实意义。

第五，机器人生产、设计的人才配置应当多元化。当机器人成为客户服务基础设施的关键组成部分时，它们的“性格”特征就需要得到设计、更新和管理。因此，未来的机器人设计研发团队应该由多样化的人员组成，如微软负责Cortana人性特征设计的团队就是一个由诗人、小说家和剧作家等组成的团队[205]。

第六，机器人设计中“以满足人类需求为中心”的设计原则需要被重新审视。正如受访者表示的，“我希望我的机器人能够帮助我变得更好，比如我不想运动的时候它可以督促我去运动，而不是一味地顺从我”。在人际交往中，每个人都作为独立的个体遵循一定的独立意志在社会中活动，这就使人们在与他人建立情感、社交时不可能完全受制于他人，也无法得到完美的或理想中的反馈。以往的机器人设计规则是机器人作为人类的“奴仆”，满足人类的一切需求，这种以人类需求为中心的设计规则是否最优，需要我们深入思考。在未来的机器人设计中，应该更多地纳入人际交往中的规则。

第七，机器人生产和设计者不能忽视的一点是，人类如何将是与非、好与坏的常识和价值判断标准教给机器人。如何解决机器人价值体系的问题，赋予机器人一个价值体系，是人机共存需要解决的根本问题之一。麻省理工学院“道德机器”项目提出建立机器人价值判断体系的必要性。例如，无人驾驶汽车技术大规模商用之前，预先建立价值判断规则是有必要的。

8.2.3　对媒介报道框架的启示

研究显示，新兴科技议题的媒介框架具有特殊之处，包括科技争议及不确定性、强调科技进步与收益、模糊性及矛盾性等[175]。过去媒介有关科技议题报道的通用框架多是基于合成生物、转基因技术等，进入日常生活的社会机器人的媒介框架特征是否有所不同，将有待未来的进一步研究，这些研究具有重要的理论和现实意义。

随着越来越多的机器人进入家庭，有关人工智能和机器人应用的报道应该更加客观，而不是两极化发展。承担传播社会现实功能的媒体应该对公众负责任地引导，关于大众对人工智能的认知不能进行单一化和片面化的传播。正如在深度访谈中1号受访者所言，“其实媒体的报道中一些比较极端的观点居多，比如说机器人特别好、特别新潮，或者说它很不好，抢了人类的工作。媒体的报道缺乏客观的多方的声音”。

一方面，商业和资本的力量将社会机器人架构成一种时尚潮流，这也成为对话型机器人被购买、通过社群网络被传播的驱动力之一；另一方面，媒体关于人工智能新成就的报道使人们以为人工智能一直在取得新成就。其实，这些新成就大多是渐进式的改善和优化，并不是深度学习技术一直在取得重大突破，只是深度学习技术的模式识别和决策能力被应用于不同的领域而已。

另外，媒体对于机器人威胁人类的论断甚嚣尘上。4名受访者表示，媒体在机器人等争议性话题的报道上并不是非常客观的，有时甚至有失偏颇，“媒体很喜欢取像机器人会威胁人类这样的标题”（5号），“一些‘论断’只是媒体为了噱头和点击率才编辑的标题而已，仔细想想，根本不成立”（23号）。公众对媒体的质疑或许源于对人工智能相关议题的信息获取不足、欠缺充分了解，因此需要提高此方面的公民媒介素养；又或许源于媒体在此类议题上的报道存在偏颇，引起公众不满。这值得学者未来进一步研究。

笔者认为，媒体应该更加客观、全面地向大众解释人工智能，更好地承担起大众媒体的责任。由于人工智能系统不透明程度越来越高，向公众解释机器人为何进行一项决策而不进行另一项决策的释疑工作将变得越来越重要。许多管理者已经对复杂的机器学习算法的黑箱属性感到不安，特别是当这些系统给出的建议可能违背传统思维或者引发争议的时候。这就需要媒体关于机器人的发展的报道更加专业和客观。

8.2.4 对未来进一步研究的启示

以智能化与信息化为核心的新产业革命将数字技术、生物技术、智能技术等全面整合，深刻地影响着经济、科技和文化。

未来可以在以下方面进一步研究：

第一，人们对具有社交性和传播能力的社会机器人的态度和接受度相比于其他智能设备有一定的特殊性。以往针对我国公众对机器人接受态度的调查研究相对较少，相关变量的影响和相互间的作用并没有得到系统性的研究，所以未来可以继续开展基于我国情境的相关研究。

第二，加强针对女性及从事技术关联性较弱工种的人群对机器人接受度和认知的研究。个人特质中的价值观对接受和使用机器人的影响未来也可以继续深入探讨。

第三，针对社会机器人与人类之间信任的标准和维度应该如何建构的议题，有学者提出需要探讨机器人的信任标准和评价框架[38]。未来会有越来越多的自动化和人工智能被整合到连接日常生活的各种物联网设备中，因此需要从更大的物联网的生态系统角度考虑人们对机器人的信任问题。

第四，建立人机交互、人机协作的伦理体系和相关法律法规应该成为学界的重要议程。在公众接纳机器人的道路上，相关部门应摒弃保守观念，尽快制定国家层面的数据开放政策和法律法规，为机器人时代的到来创造一个信息流动开放、信任的环境；同时应该加强技术平台方对用户信息收集、存储、使用和共享的管理，在保障用户控制权、知情权的同时规范技术平台方利用信息的流程，避免用户信息被有意泄露或泄露后没有补救措施。

社会机器人的接受与使用是一个双向过程，科学实践与其社会背景并不具有因果联系，它们彼此建构、共同演进，运行在同一进程中，并试图对技术的宏观分析和微观分析进行整合，把技术的社会建构向科学、技术与社会关系建构扩展。因此，在负责任地发展机器人技术的同时，不能将发展机器人技术的决策权交给市场。公众、专家、政策制定者、技术后果评估机构都应该成为公共讨论的主体。

一方面，公众需要将机器人看作在人类身边存在的非敌对物。实际情况是，由于公众对社会机器人的相关知识掌握不完全，时常容易对人工智能和机器人产生道德恐慌。因此，政策制定者、科学共同体等应了解当下社会语境下公众对机器人使用的情境需求，并基于科学传播的社会建构路径开启“公众对话”。基于以使用者为中心的设计原则，将社会机器人的潜在用户纳入技术的设计中，让科学议题的知情权、发言权和决策权回归公众；通过形式丰富、内容多元的科学传播活动、协商、共识会议、焦点小组等让公众了解机器人技术，加强利益相关者的沟通和交流，提高机器人技术的公众参与度。

另一方面，正如传播学者约翰·彼得斯所言，每一种新技术的出现都会带来更多对“他者认同”的思考。机器智能化水平的提高使得人与机器的关系越来越密切。当机器人在社会中承担各类职责、扮演各种角色时，随之而来的问题是，人工智能和机器人应该和社会建立怎样的社会契约，如何赋予机器人和人工智能正确的价值观念。

社会机器人不只是人造的科技制品，还是一定社会秩序、社会行为和心理及价值规范、期待、信念下的产物。这一切都促使我们反思智能时代人类该如何定义自身，如何看待机器人发展给社会带来的正负效应，以及如何做好准备迎接人机协作时代的到来，而这些问题的解答都需要社会科学、计算机科学、机器人学等各学科从业者对于人工智能和机器人发展的规划积极参与。

参考文献

[1] TAIPALE S, SARRICA M. Robot shift from industrial production to social reproduction [M]//VINCENT J, TAIPALE S, SAPIO B, et al. Social robots from a human perspective. Berlin: Springer Publishing Company, 2015: 3-16.

[2] FORTUNATI L. Robotization and the domestic sphere [J]. New Media & Society, 2018, 20 (8): 2673-2690.

[3] DAUTENHAHN K, OGDEN B, QUICK T. From embodied to socially embedded agents—implications for interaction-aware robots [J]. Cognitive Systems Research, 2002, 3 (3): 397-428.

[4] ZHAO S. Humanoid social robots as a medium of communication [J]. New Media & Society, 2016, 8 (3): 401-419.

[5] FORTUNATI L, ESPOSITO A, LUGANO G. Introduction to the special issue"Beyond industrial robotics: social robots entering public and domestic spheres"[J]. The Information Society, 2015, 31 (3): 229-236.

[6] TAN H, SABANOVIC S. Designing lifelikeness in interactive and robotic objects [C]. Proceedings of the Companion of the 2017 ACM/IEEE International Conference on Human-Robot Interaction, 2017: 381-382.

[7] GUNKEL D J. Communication and artificial intelligence: opportunities and challenges for the 21st century [J]. Communication + 1, 2012, 1 (1): 1-25.

[8] MCDOWELL Z J, GUNKEL D J. Introduction to"machine communication" [J]. Communication + 1, 2016, 5 (1): 1-5.

[9] GRAAF M M, ALLOUCH S B, VAN DIJK J. Why would I use this in my home? A model of domestic social robot acceptance [J]. Human-Computer Interaction, 2019, 34 (2): 115-173.

[10] GRAAF M M, ALLOUCH S B, VAN DIJK J. What makes robots social? A user's perspective on characteristics for social human-robot interaction [C]. Proceedings of the RO-MAN 2016 International Symposium on Robot and Human Interactive Communication, 2015.

[11] YOUNG J E, HAWKINS R, SHARLIN E, et al. Toward acceptable domestic robots: applying insights from social psychology [J]. International Journal of Social Robotics, 2009, 1 (1): 95 - 108.

[12] 罗杰斯. 创新的扩散 [M]. 辛欣，译. 北京：中央编译出版社，2002：32.

[13] 杨伯溆. 电子媒体的扩散与应用 [M]. 武汉：华中理工大学出版社，2000：15.

[14] 杨伯溆. 现实的虚拟和虚拟的现实——社会人际关系网对电子媒介的扩散与应用的影响 [C]. 第二届亚洲传媒论坛——新闻学与传播学全球化的研究，2004.

[15] 李·雷尼，巴里·威尔曼. 超越孤独：移动互联时代的生存之道 [M]. 杨伯溆，高崇，译. 北京：中国传媒大学出版社，2015：5 - 9.

[16] IT之家. 微软小娜望尘莫及，亚马逊语音助手 Alexa 技能数量已经突破 1.5 万 [EB/OL]. (2017 - 07 - 16) [2018 - 01 - 03]. https://baijiahao. baidu. com/s? id = 1573077961546184&wfr = spider&for = pc.

[17] 外表可爱的软银 Pepper 机器人，都有哪些意想不到的绝招？[EB/OL]. (2019 - 03 - 13) [2019 - 03 - 20]. http://news. 163. com/19/0313/16/EA5M5VD0000189DG. html.

[18] Jibo：给你的不仅是智能，还有“灵性” [EB/OL]. (2017 - 11 - 24) [2018 - 01 - 04]. http://baijiahao. baidu. com/s? id = 158487376864 9341626&wfr = spider&for = pc.

[19] 担任韩国平昌冬奥会的机器人火炬手，DRC-HUBO 的来头不简单 [EB/OL]. (2017 - 12 - 13) [2018 - 01 - 06]. http://www. sohu. com/a/210435285_255990.

[20] CHAMBERLAIN R, MULLIN C, SCHEERLINCK B, et al. Putting the art in artificial: aesthetic responses to computer-generated art [J]. Psychology of Aesthetics Creativity, and the Arts, 2018, 12 (2): 177.

[21] 解析世界首位被授予沙特公民身份的机器人——索菲亚 [EB/OL]. (2017 - 10 - 30) [2018 - 01 - 10]. https://robot. ofweek. com/2017 - 10/ART - 8321203 - 8440 - 30173530. html.

[22] SALVINI P, LASCHI C, DARIO P. Design for acceptability: improving robots' coexistence in human society [J]. International Journal of Social Robotics, 2010, 2 (4): 451 - 460.

[23] SABANOVIC S. Robots in society, society in robots [J]. International Journal of Social Robotics, 2010, 2 (4): 439 - 450.

[24] 马忠臣. 机器人产业发展综述 [J]. 机械工程师，2010 (11)：5 - 14.

[25] 申耀武. 智能机器人研究初探 [J]. 机电工程技术，2015 (6)：47 - 51.

[26] 黄莹，董博越，张政. 社会机器人：机器人发展的交往理性转向 [J]. 科技传播，2016 (19)：185 – 187.

[27] KOCH S A, STEVENS C E, CLESI C D, et al. A feasibility study evaluating the emotionally expressive robot SAM [J]. International Journal of Social Robotics, 2017, 9 (4): 601 – 613.

[28] ISPR. Robot babies from Japan raise all sorts of questions about how parents bond with AI [EB/OL]. (2016 – 12 – 22) [2018 – 01 – 10]. http://ispr.info/2016/12/22/robot-babies-from-japan-raise-all-sorts-of-questions-about-howparents-bond-with-ai/.

[29] DUFFY B R. Anthropomorphism and the social robot [J]. Robotics and Autonomous Systems, 2003, 42 (3 – 4): 177 – 190.

[30] FONG T, NOURBAKHSH I, DAUTENHAHN K. A survey of socially interactive robots [J]. Robotics and Autonomous Systems, 2003, 42 (3 – 4): 143 – 166.

[31] BREAZEAL C. Toward sociable robots [J]. Robotics and Autonomous Systems, 2003, 42 (3 – 4): 167 – 175.

[32] VINCENT J. Is the mobile phone a personalized social robot [J]. Intervalla: Platform for Intellectual Exchange, 2013, 1 (1): 60 – 70.

[33] FORTUNATI L. Afterword: robot conceptualizations between continuity and innovation [J]. Intervalla: Platform for Intellectual Exchange, 2013, 1 (1): 116.

[34] BREAZEAL C. Emotion and sociable humanoid robots [J]. International Journal of Human-Computer Studies, 2003, 59 (1 – 2): 119 – 155.

[35] CNMO. 亚马逊公布 Echo 成绩单 Alexa 表现抢眼 [EB/OL]. (2018 – 12 – 21) [2018 – 12 – 25]. http://www.cnmo.com/news/651341.html.

[36] PURINGTON A, TAFT J, SANNON S, et al. "Alexa is my new BFF" [C]. Proceedings of the 2017 CHI Conference Extended Abstracts on Human Factors in Computing Systems, 2017: 2853 – 2859.

[37] LUCAS G M, BOBERG J, TRAUM D, et al. Getting to know each other [C]. Proceedings of the 2018 ACM/IEEE International Conference on Human-Robot Interaction—HRI'18, 2018: 344 – 351.

[38] HANCOCK P A, BILLINGS D R, SCHAEFER K E, et al. A meta-analysis of factors affecting trust in human-robot interaction [J]. Human Factors: the Journal of Human Factors and Ergonomics Society, 2011, 53 (5): 517 – 527.

[39] DAUTENHAHN K. The art of designing socially intelligent agents: science, fiction, and the human in the loop [J]. Applied Artificial Intelligence, 1998, 12 (7 – 8): 573 – 617.

[40] NASS C，FOGG B，MOON Y. Can computers be teammates? [J]. International Journal of Human-Computer Studies，1996，45 (6)：669 - 678.

[41] NASS C，STEUER J. Voices，boxes，and sources of messages：computers and social actors [J]. Human Communication Research，1993，19 (4)：504 - 527.

[42] YOUNG J E，SUNG J，VOIDA A，et al. Evaluating human-robot interaction [J]. International Journal of Social Robotics，2010，3 (1)：53 - 67.

[43] CABIBIHAN J J，WILLIAMS M A，SIMMONS R. When robots engage humans [J]. International Journal of Social Robotics，2014，6 (3)：311 - 313.

[44] SHAW-GARLOCK G. Looking forward to sociable robots [J]. International Journal of Social Robotics，2009，1 (3)：249 - 260.

[45] FAZIL M，ABULAISH M. Why a socialbot is effective in Twitter? A statistical insight [C]. International Conference on Communication Systems & Networks，IEEE，2017：564 - 569.

[46] EDWARDS C，EDWARDS A，SPENCE P R，et al. Is that a bot running the social media feed? Testing the differences in perceptions of communication quality for a human agent and a bot agent on Twitter [J]. Computers in Human Behavior，2014 (33)：372 - 376.

[47] 潘忠党. "玩转我的 iPhone，搞掂我的世界!"——探讨新传媒技术应用中的"中介化"和"驯化" [J]. 苏州大学学报（哲学社会科学版），2014 (4)：153 - 162.

[48] HADDON L. Roger Silverstone's legacies：domestication [J]. New Media & Society，2007，9 (1)：25 - 32.

[49] SILVERSTONE R. Domesticating the revolution：information and communication technologies and everyday life [J]. Aslib Proceedings，1993，45 (9)：227 - 233.

[50] 中国互联网络信息中心. CNNIC：2018 年第 42 次中国互联网络发展状况统计报告——网民属性结构 [R/OL]. (2018 - 08 - 20) [2018 - 10 - 03]. http://www.199it.com/archives/762915.html.

[51] GRAAF M M，ALLOUCH S B，KLAMER T B. Sharing a life with Harvey：exploring the acceptance of and relationship-building with a social robot [J]. Computers in Human Behavior，2015 (43)：1 - 14.

[52] SUNG J，GRINTER R，CHRISTENSEN H. Domestic robot ecology：an initial framework to unpack long-term acceptance of robots at home [J]. International Journal of Social Robotics，2010，2 (4)：417 - 429.

[53] BARTNECK C，KULIC D，CROFT E，et al. Measurement instruments for the anthropomorphism，animacy，likeability，perceived intelligence，and perceived safety of robots [J]. International Journal of Social Robotics，2009，1 (1)：71 - 81.

[54] CUIJPERS R H, BRUNA M T, et al. Attitude towards robots depends on interaction but not on anticipatory behaviour [C]. Social Robotics—Third International Conference, ICSR 2011, 2011.

[55] HEERINK M, KROSE B, EVERS V, et al. Assessing acceptance of assistive social agent technology by older adults: the Almere model [J]. International Journal of Social Robotics, 2010, 2 (4): 361 -375.

[56] KAHN P H, KANDA T, ISHIGURO H, et al. "Robovie, you'll have to go into the closet now": children's social and moral relationships with a humanoid robot [J]. Developmental Psychology, 2012, 48 (2): 303 -314.

[57] SABELLI A M, KANDA T. Robovie as a mascot: a qualitative study for long-term presence of robots in a shopping mall [J]. International Journal of Social Robotics, 2016, 8 (2): 211 -221.

[58] WADA K, SHIBATA T. Living with seal robots in a care house—evaluations of social and physiological influences [C]. IEEE/RSJ International Conference on Intelligent Robots & Systems. IEEE, 2006: 4940 -4945.

[59] LEE K-M, NASS C. Social-psychological origins of feelings of presence: creating social presence with machine-generated voices [J]. Media Psychology, 2005, 7 (1): 31 -45.

[60] FUJITA M. On activating human communications with pet-type robot AIBO [J]. IEEE, 2004, 92 (11): 1804 -1813.

[61] TURKLE S, TAGGART W, KIDD C D, et al. Relational artifacts with children and elders: the complexities of cybercompanionship [J]. Connection Science, 2006, 18 (4): 347 -361.

[62] SCIUTO A S, FORLIZZI J, JASON I. "Hey Alexa, what's up?": studies of in-home conversational agent usage [C]. Proceedings of the 2018 Designing Interactive Systems Conference, 2018: 857 -868.

[63] PELIKAN H, BROTH M. Why that NAO? How humans adapt to a conventional humanoid robot in taking turns-at-talk [C]. CHI Conference on Human Factors in Computing Systems, 2016.

[64] PORCHERON M, FISCHER J E, REEVES S, et al. Voice interfaces in everyday life [C]. Proceedings of the 2018 CHI Conference on Human Factors in Computing Systems—CHI'18, 2018: 1 -12.

[65] GRAAF M M, ALLOUCH S B, DIJK J. Long-term evaluation of a social robot in real homes [C]. Aisb Workshop on New Frontier in Human-Robot Interaction, 2014.

[66] TOLMIE P, CRABTREE A. Deploying research technology in the home [C]. ACM

Conference on Computer Supported Cooperative Work, 2008.
[67] FERDOUS H S, PLOFERER B, DAVIS H, et al. Commensality and the social use of technology during family mealtime [C]. ACM Transactions on Computer-Human Interaction, 2016: 1 -26.
[68] 金兼斌，廖望. 创新的采纳和使用：西方理论与中国经验 [J]. 中国地质大学学报(社会科学版)，2011，11 (2)：88 -96.
[69] 董方. 传播流研究的经典著作——谈罗杰斯的《创新的扩散》[J]. 西南大学学报，2010，36 (4)：191 -192.
[70] 王玲宁. 采纳、接触和依赖：大学生微信使用行为及其影响因素研究 [J]. 新闻大学，2014 (6)：62 -70.
[71] 祝建华，何舟. 互联网在中国的扩散现状与前景：2000 年京、穗、港比较研究 [J]. 新闻大学，2002 (2)：23 -32.
[72] 周裕琼. 手机短信的采纳与使用——深港两地大学生之比较研究 [J]. 中国传媒报告，2003 (2)：110 -122.
[73] 郝晓鸣，赵靳秋. 从农村互联网的推广看创新扩散理论的适用性 [J]. 现代传播：中国传媒大学学报，2007 (6)：102 -104.
[74] 张淑玲. 数据新闻的创新采纳与扩散影响因素分析 [J]. 现代传播，2018 (8)：149 -153.
[75] 边鹏. 技术接受模型研究综述 [J]. 图书馆学研究，2012 (1)：2 -6.
[76] 鲁耀斌，徐红梅. 技术接受模型及其相关理论的比较研究 [J]. 科技进步与对策，2005，22 (10)：176 -178.
[77] 徐博艺，刘文雯，高平. 企业信息技术采纳行为研究综述 [J]. 研究与发展管理，2005，17 (3)：52 -58.
[78] CHIN W, GOPAL A. Adoption intention in GSS: relative importance of beliefs [J]. Data Base for Advances in Information Systems, 1995, 26 (2 -3): 42 -64.
[79] 孙建军，成颖，柯青. TAM 模型研究进展——模型演化 [J]. 情报科学，2007，25 (8)：1121 -1127.
[80] 匡文波. 基于技术接受模型的微信使用行为研究 [J]. 国际新闻界，2015，37 (10)：117 -126.
[81] 周涛，鲁耀斌. 隐私关注对移动商务用户采纳行为影响的实证分析 [J]. 管理学报，2010，7 (7)：1046.
[82] 刘枚莲，黎志成. 面向电子商务的消费者行为影响因素的实证研究 [J]. 管理评论，2006，18 (7)：32 -37.
[83] 李武，黄扬，杨飞. 大学生对移动新闻客户端的采纳意愿及其影响因素研究——基

于技术接受模型和创新扩散理论视角［J］. 图书与情报，2018，182（4）：68－77.

［84］马志浩，葛进平. 青年群体网络直播平台接入鸿沟的影响因素——基于技术采纳与持续使用的视角［J］. 新闻与传播评论，2018（2）：112－128.

［85］LEE H R，SABANOVIC S. Culturally variable preferences for robot design and use in South Korea，Turkey，and the United States［C］. Proceedings of the 2014 ACM/IEEE International Conference on Human-Robot Interaction—HRI'14，2014：17－24.

［86］BROADBENT E，STAFFORD R，MACDONALD B A. Acceptance of healthcare robots for the older population：review and future directions［J］. International Journal of Social Robotics，2009，1（4）：319.

［87］SMARR C A，MITZNER T L，BEER J M，et al. Domestic robots for older adults：attitudes，preferences，and potential［J］. International Journal of Social Robot，2014，6（2）：229－247.

［88］KLAMER T，ALLOUCH S B，HEYLEN D. "Adventures of Harvey"—use，acceptance of and relationship building with a social robot in a domestic environment［C］. International Conference on Human-Robot Personal Relationship，2010：74－82.

［89］WALTERS M L，SYRDAL D S，DAUTENHAHN K，et al. Avoiding the uncanny valley：robot appearance，personality and consistency of behavior in an attention-seeking home scenario for a robot companion［J］. Autonomous Robots，2007，24（2）：159－178.

［90］HALPERN D，KATZ J E. Close but not stuck：understanding social distance in human-robot interaction through a computer mediation approach［J］. Intervalla：Platform for Intellectual Exchange，2013，1（1）：17.

［91］HALPERN D，KATZ J E. Unveiling robotophobia and cyber-dystopianism：the role of gender，technology and religion on attitudes towards robots［C］. ACM/IEEE International Conference on Human-Robot Interaction ACM，2012.

［92］KAPLAN F. Who is afraid of the humanoid? Investigating cultural differences in the acceptance of robots［J］. International Journal of Humanoid Robotics，2004，1（3）：465－480.

［93］BARTNECK C，SUZUKI T，KANDA T，et al. The influence of people's culture and prior experiences with AIBO on their attitude towards robots［J］. AI & Society，2006，21（1－2）：217－230.

［94］KIRBY R，FORLIZZI J，SIMMONS R. Affective social robots［J］. Robotics and Autonomous Systems，2010，58（3）：322－332.

［95］NOMURA T，KANDA T，SUZUKI T. Experimental investigation into influence of negative attitudes toward robots on human-robot interaction [J]. AI & Society, 2006, 20 (2): 138 - 150.

[96] European Commission. Public attitudes towards robots. Special Eurobarometer 382 [EB/OL]. (2016 - 05 - 10) [2018 - 03 - 10]. http://ec. europa. eu/public_opinion/archives/ebs/ebs_382_en. pdf.

[97] REICH N, EYSSEL F. Attitudes towards service robots in domestic environments: the role of personality characteristics, individual interests, and demographic variables [J]. Journal of Behavioral Robotics, 2013, 4 (2): 123 - 130.

[98] ENZ S, DIRUF M, SPIELHAGEN C, et al. The social role of robots in the future—explorative measurement of hopes and fears [J]. International Journal of Social Robotics, 2011, 3 (3): 263 - 271.

[99] HEERINK M, VANDERBORGHT B, BROEKENS J, et al. New friends: social robots in therapy and education [J]. International Journal of Social Robotics, 2016, 8 (4): 443 - 444.

[100] ENZ S, DIRUF M, SPIELHAGEN C, et al. The social role of robots in the future—explorative measurement of hopes and fears [J]. International Journal of Social Robotics, 2015, 8 (3): 355 - 369.

[101] STAFFORD R Q, MACDONALD B A, Li X, et al. Older people's prior robot attitudes influence evaluations of a conversational robot [J]. International Journal of Social Robotics, 2014, 6 (2): 281 - 297.

[102] GRUDIN J. A moving target: the evolution of HCI [M] //Julie A J. The human-computer interaction handbook: fundamentals, evolving technologies. Florida: CRC Press, 2008: 1 - 24.

[103] WALTHER J B. Social information processing theory (CMC) [M]. Atlanta: American Cancer Society, 2015: 1 - 13.

[104] WEIZENBAUM J. ELIZA—a computer program for the study of natural language communication between man and machine [J]. Communications of the ACM, 1966, 9 (1): 36 - 45.

[105] LICKLIDER J C R. Man-computer symbiosis [J]. IRE Transactions on Human Factors in Electronics, 1960 (1): 4 - 11.

[106] NEFF G, NAGY P. Automation, algorithms, and politics—talking to Bots: symbiotic agency and the case of Tay [J]. International Journal of Communication, 2016 (10): 17.

[107] GUZMAN A L. What is human-machine communication, anyway, human machine communication: rethinking communication, technology, ourselves [M]. New York: Peter

Lang, 2018.

[108] 牟怡. 传播的进化：人工智能将如何重塑人类的交流 [M]. 北京：清华大学出版社，2018：30 - 60.

[109] ARAUJO T. Living up to the chatbot hype: the influence of anthropomorphic design cues and communicative agency framing on conversational agent and company perceptions [J]. Computers in Human Behavior, 2018 (85): 183 - 189.

[110] CALLON M. Actor network theory [M]//Neil J S, Paul B B. International encyclopedia of the social & behavioral sciences. Amsterdam: Elsevier, 2001: 123 - 156.

[111] 郭荣茂. 从科学的社会建构到科学的建构——评拉图尔的行动者网络理论转向 [J]. 科学学研究，2014，32 (11)：1608 - 1612.

[112] PINCH T J. The social construction of facts and artefacts: or how the sociology of science and the sociology of technology might benefit each other [J]. Social Construction of Technological Systems, 1984, 14 (3): 399 - 441.

[113] MACKAY H, GILLESPIE G. Extending the social shaping of technology approach: ideology and appropriation [J]. Social Studies of Science, 1992, 22 (4): 685 - 716.

[114] CALLON M. Society in the making: the study of technology as a tool for sociological analysis [M]//CALLON M, BIJKER W E, HUGHES T P, et al. The social construction of technological systems: new directions in the sociology and history of technology. Boston: MIT Press, 1987: 83 - 103.

[115] 戴维·莫利. 电视、受众与文化研究 [M]. 史安斌，译. 北京：新华出版社，2005：14 - 30.

[116] LULL J. Family communication patterns and the social uses of television [J]. Communication Research, 1980, 7 (3): 319 - 333.

[117] LING R, NILSEN S, GRANHAUG S. The domestication of video-on-demand: folk understanding of a new technology [J]. New Media & Society, 1999, 1 (1): 83 - 100.

[118] HADDON L. The contribution of domestication research to in-home computing and media consumption [J]. The Information Society, 2006, 22 (4): 195 - 203.

[119] HADDON L. Domestication analysis, objects of study, and the centrality of technologies in everyday life [J]. Canadian Journal of Communication, 2011, 36 (2): 311 - 323.

[120] BERKER T, HARTMANN M, PUNIE Y, et al. Domestication of media and technology [M]. London: McGraw-Hill Education (UK), 2005.

[121] 李猛. 舒茨和他的现象学社会学 [M]//杨善华. 当代西方社会学理论. 北京：北京大学出版社，1999：50 - 80.

[122] 阿尔弗雷德·许茨. 社会世界的意义建构：理解的社会学引论 [M]. 霍桂桓，译. 北京：北京师范大学出版社，2017.

[123] 杨善华. 关注“常态”生活的意义——家庭社会学研究的一个新视角初探 [M]//杨善华. 感知与洞察：实践中的现象学社会学. 北京：社会科学文献出版社，2012：116 -210.

[124] SUNG J Y，CHRISTENSEN H I，GRINTER R E. Robots in the wild：understanding long-term use [C]. ACM/IEEE International Conference on Human-Robot Interaction，2009.

[125] FORLIZZI J，DISALVO C. Service robots in the domestic environment：a study of the Roomba vacuum in the home [C]. ACM Conference on Human-Robot Interaction，2006.

[126] 杨善华，孙飞宇. 作为意义探究的深度访谈 [J]. 社会学研究，2005 (5)：53 -68.

[127] 杨伯溆. 全球化：起源、发展和影响 [M]. 北京：人民出版社，2002：5 -23.

[128] 阿格尼丝·赫勒. 日常生活 [M]. 衣俊卿，译. 重庆：重庆出版社，1990：3.

[129] 刘剑涛. 现象学与日常生活世界的社会科学 [M]. 上海：三联书店，2017：5 -9.

[130] 詹姆斯·E. 凯茨，罗纳德·E. 莱斯. 互联网使用的社会影响：上网、参与和互动 [M]. 郝芳，译. 北京：商务印书馆，2007：12 -34.

[131] WELLMAN B，HAYTHORNTHWAITE C A. The Internet in everyday life [M]. Malden：Blackwell Publishing，2002.

[132] BERTEL F，LING R. "It's just not that exciting anymore"：the changing centrality of SMS in the everyday lives of young Danes [J]. New Media & Society，2014，18 (7)：1293 -1309.

[133] CONTARELLO A，FORTUNATI L，SARRICA M. Social thinking and the mobile phone：a study of social change with the diffusion of mobile phones，using a social representations framework [J]. Continuum，2007，21 (2)：149 -163.

[134] 季念. 手机传播中的时空重塑——2000 年以来国外学者关于手机与时空关系研究述论 [J]. 文艺研究，2008 (12)：62 -72.

[135] 於红梅. 家居营造：都市中产的自我表达实践——以上海为例 [D]. 上海：复旦大学，2013.

[136] 罗杰·西尔弗斯通. 电视与日常生活 [M]. 陶庆梅，译. 南京：江苏人民出版社，2004.

[137] LING R. The diffusion of mobile telephony among Norwegian teens：a report from after the revolution [J]. Annales Des Télécommunications，2002，57 (3 -4)：210 -224.

[138] LIVINGSTONE S. On the mediation of everything：ICA presidential address 2008 [J]. Journal of Communication，2009，59 (1)：1 -18.

[139] 戴维·莫利. 传媒、现代性和科技：“新”的地理学 [M]. 郭大为，常怡如，译.

北京：中国传媒大学出版社，2010：3 - 10.

[140] 练玉春. 开启可能性——米歇尔·德塞都的日常生活实践理论 [J]. 浙江大学学报，2003，33 (6)：145 - 147.

[141] EMILY T，CAUSO A，TZUO P-W，et al. A review on the use of robots in education and young children [J]. Journal of Educational Technology & Society，2016，19 (2)：148 - 163.

[142] SONDERGAARD M，HANSEN L K. Intimate futures：staying with the touble of digital personal assistants through design fiction [C]. 2018 Designing Interactive Systems Conference，ACM，2018：869 - 880.

[143] MATTHEWS T，DANESE A，WERTZ J，et al. Social isolation，loneliness and depression in young adulthood：a behavioural genetic analysis [J]. Social Psychiatry and Psychiatric Epidemiology，2016，51 (3)：339.

[144] MANZI A，FIORINI L，ESOPSITO R，et al. Design of a cloud robotic system to support senior citizens：the KuBo experience [J]. Autonomous Robots，2017，41 (3)：699 - 709.

[145] JEONG K S J，LEE H S，et al. Fribo：a social networking robot for increasing social connectedness through sharing daily home activities from living noise data [C]. Proceedings of the 2018 ACM/IEEE International Conference on Human-Robot Interaction，2018：114 - 122.

[146] 费勇，林铁. 盗猎文本、快感经济与身份政治——小米手机粉丝文化研究 [J]. 现代传播（中国传媒大学学报），2013 (9)：1 - 5.

[147] 让·鲍德里亚. 消费社会 [M]. 刘成富，全志钢，译. 南京：南京大学出版社，2014.

[148] 李理，杨伯溆. 空间私人化与私人空间个人化：手机在城市空间关系重构中的角色 [M]//陈曼丽. 北大新闻与传播评论. 北京：北京大学出版社，2013：207 - 222.

[149] NEUSTAEDER C，SINGHAL S，PAN R，et al. From being there to watching：shared and dedicated telepresence robot usage at academic conferences [C]. ACM Transactions on Computer-Human Interaction，2018：1 - 39.

[150] 雪莉·特克尔. 群体性孤独：为什么我们对科技期待更多，对彼此却不能更亲密? [M]. 周逵，刘菁荆，译. 杭州：浙江人民出版社，2014：156 - 189.

[151] 雪莉·特克尔. 重拾交谈：走出永远在线的孤独 [M]. 王晋，边若溪，译. 北京：中信出版社，2017：32 - 39.

[152] WADA K，SAKAMOTO K，TANIE K. Long-term interaction between seal robots and elderly people—robot assisted activity at a health service facility for the aged [G]// Proceedings of the 3rd international symposium on autonomous minirobots for research and

edutainment. Heidelberg：Springer，2006：325 – 330.

[153] Pew Internet Research Center. Tech adoption climbs among older adults [EB/OL].（2017 – 05 – 17）[2018 – 01 – 20]. http://www.pewinternet.org/2017/05/17/tech-adoption-climbs-among-older-adults/.

[154] 皮埃尔·布迪厄. 反思社会学导引 [M]. 李猛，李康，译. 北京：商务印书馆，2015.

[155] 周芸. 山寨手机与青年农民工群体的城市身份建构——来自文化视角的分析 [J]. 兰州学刊，2010（1）：77 – 81.

[156] GRAAF M M，ALLOUCH S B. Exploring influencing variables for the acceptance of social robots [J]. Robotics and Autonomous Systems，2013，61（12）：1476 – 1486.

[157] HEBESBERGER D，KOERTNER T，GISINGER C，et al. A long-term autonomous robot at a care hospital：a mixed methods study on social acceptance and experiences of staff and older adults [J]. International Journal of Social Robotics，2017，9（3）：417 – 429.

[158] STAFFORD R，BRUCE A，MACDONALD B A. Does the robot have a mind? Mind perception and attitudes towards robots predict use of an eldercare robot [J]. International Journal of Social Robotics，2014，6（1）：17 – 32.

[159] SHIOMI M，KANDA T，ISHIGURO H，et al. Interactive humanoid robots for a science museum [J]. IEEE Intelligent Systems，2007，22（2）：25 – 32.

[160] BERTACCHINI F，BILOTTA E，PANTANO P. Shopping with a robotic companion [J]. Computers in Human Behavior，2017（77）：382 – 395.

[161] WARK C，GALLIHER J F. Emory Bogardus and the origins of the social distance scale [J]. The American Sociologist，2007，38（4）：383 – 395.

[162] 谢卫红，樊炳东，李忠顺，等. 电子商务环境下网络隐私顾虑维度的评估与测量 [J]. 现代情报，2019，39（1）：11.

[163] LAUFER R S，WOLFE M. Privacy as a concept and a social issue：a multidimensional developmental theory [J]. Journal of Social Issues，1977，33（3）：22 – 42.

[164] SHEEHAN K，HOY M. Dimensions of privacy concern among online consumers [J]. Journal of Public Policy & Marketing，2000，19（1）：62 – 73.

[165] MALHOTRA N，KIM S，AGARWAL J. Internet users' information privacy concerns：the construct，the scale，and a causal model [J]. Information Systems Research，2004，15（4）：336 – 355.

[166] HONG W，THONG J. Internet privacy concerns：an integrated conceptualization and four empirical studies [J]. MIS Quarterly，2013，37（1）：275 – 298.

[167] 欧阳洋，袁勤俭. 电子商务中消费者隐私关注对行为意向的影响研究 [J]. 情报科学，2016，34 (5)：75 -80.

[168] 黄鸣奋. 新媒体环境下的中国科幻电影 [J]. 艺术广角，2018，197 (4)：14 -20.

[169] 陆嘉宁. 从赛博都市到废土时代——浅析近年特许权科幻电影中的故事世界与人居景观 [J]. 当代电影，2018 (9)：120 -124.

[170] FORTUNATI L, ESPOSITO A, SARRICA M, et al. Children's knowledge and imaginary about robots [J]. International Journal of Social Robotics, 2015, 7 (5): 685 -695.

[171] LEE H R, TAN H, SABANOVIC S. That robot is not for me: addressing stereotypes of aging in assistive robot design [C]. IEEE International Symposium on Robot & Human Interactive Communication, 2016.

[172] AGARWAL R, PRASAD J. The role of innovation characteristics and perceived voluntariness in the acceptance of information technologies [J]. Decision Sciences, 1997, 28 (3): 557 -582.

[173] SERENKO A, BONTIS N, DETLOR B. End-user adoption of animated interface agents in everyday work applications [J]. Behaviour & Information Technology, 2007, 26 (2): 119 -132.

[174] WILLIAMS K. Social networks, social capital, and the use of information technology in the urban village: a study of community groups in Manchester, England [J]. Chinese Journal of Library & Information Science, 2011, 4 (z1): 35 -48.

[175] VEINOT T C, WILLIAMS K. Following the "community" thread from sociology to information behavior and informatics: uncovering theoretical continuities and research opportunities [J]. Journal of the American Society for Information Science and Technology, 2012, 63 (5): 847.

[176] THRUN S, MONTEMERLO M, DAHLKAMP H, et al. Stanley: the robot that won the DARPA grand challenge [J]. Journal of Field Robotics, 2006, 23 (9): 661 -692.

[177] MITCHELL V W. Consumer perceived risk: conceptualisations and models [J]. European Journal of Marketing, 1999, 33 (1/2): 163 -195.

[178] HEERINK M, KROSE B, EVERS V, et al. Influence of social presence on acceptance of an assistive social robot and screen agent by elderly users [J]. Advanced Robotics, 2012, 23 (14): 1909 -1923.

[179] DONK A, METAG J, KOHRING M, et al. Framing emerging technologies: risk perceptions of nanotechnology in the German press [J]. Science Communication, 2012, 34 (1): 5 -29.

[180] AGARWAL R，KARAHANNA E. Time flies when you're having fun：cognitive absorption and beliefs about information technology usage [J]. MIS Quarterly，2000，24 (4)：665 - 694.

[181] CHENG Y W，SUN P C，CHEN N S. The essential applications of educational robot：requirement analysis from the perspectives of experts，researchers and instructors [J]. Computers & Education，2018 (126)：399 - 416.

[182] 段伟文. 机器人伦理的进路及其内涵 [J]. 科学与社会，2015，5 (2)：35 - 45.

[183] 孙蕾扬，孙晶晶. 智慧养老创新模式法律保障机制研究 [J]. 广西社会科学，2018 (7)：130 - 133.

[184] DAUTENHAHN K，WOODS S，KAOURI C，et al. What is a robot companion-friend，assistant or butler? [C]. 2005 IEEE/RSJ International Conference on Intelligent Robots and Systems，IEEE，2005：1192 - 1197.

[185] SUGIYAMA S，VINCENT J. Social robots and emotion：transcending the boundary between humans and ICTs [J]. Intervalla：Platform for Intellectual Exchange，2013，1 (1)：1.

[186] 刘小青. 亲密关系满意感研究综述 [J]. 创新，2008，2 (5)：136 - 138.

[187] NANSEN B，JAYEMANNE D. Infants，interfaces，and intermediation：digital parenting and the production of "iPad Baby" videos on YouTube [J]. Journal of Broadcasting and Electronic Media，2016，60 (4)：587 - 603.

[188] 乔纳森·弗里德曼. 文化认同与全球性过程 [M]. 郭健如，译. 北京：商务印书馆，2003：67.

[189] 薛孚. 大数据隐私伦理问题探究 [J]. 自然辩证法研究，2015 (2)：44 - 48.

[190] 管家娃，张玥，朱庆华，等. 国外社交网站隐私悖论问题研究综述与国内研究建议 [J]. 图书情报工作，2016，60 (22)：126 - 134.

[191] SPIEKERMANN S，GROSSKLAGS J，BERENDT B. E-privacy in 2nd generation E-commerce：privacy preferences versus actual behavior [C]. Proceedings of the 3rd ACM Conference on Electronic Commerce，2001：38 - 47.

[192] BAKARDJIEVA M. Rationalizing sociality：an unfinished script for social bots [J]. The Information Society，2015，31 (3)：244 - 256.

[193] CAVALLO F，DARIO P，FORTUNATI L. Introduction to special section "Bridging from user needs to deployed applications of social robots" [J]. The Information Society，2018，34 (3)：127 - 129.

[194] HAM J，MIDDEN C J H. A persuasive robot to stimulate energy conservation：the influence of positive and negative social feedback and task similarity on energy-consumption

behavior [J]. International Journal of Social Robotics, 2014, 6 (2): 163 - 171.

[195] SIEGEL M, BREAZEAL C, NORTON M I. Persuasive robotics: the influence of robot gender on human behavior [C]. 2009 IEEE/RSJ International Conference on Intelligent Robots and Systems, 2009: 2563 - 2568.

[196] GEISKKOVITCH Y, CORMIER D, SEO S H, et al. Please continue, we need more data: an exploration of obedience to robots [J]. Journal of Human-Robot Interaction, 2015, 5 (1): 82.

[197] FORTUNATI L, CAVALLO F, SARRICA M. Multiple communication roles in human-robot interactions in public space [J]. International Journal of Social Robotics, 2020, 12 (4): 931 - 944.

[198] PETERS J D. The marvelous clouds: toward a philosophy of elemental media [M]. London: Sage Publications, 2016: 1196 - 1198.

[199] 孙玮. 作为媒介的城市：传播意义再阐释 [J]. 新闻大学, 2012 (2): 41 - 47.

[200] 尼古拉斯·卡尔. 玻璃笼子：自动化时代和我们的未来 [M]. 杨柳, 译. 北京：中信出版社, 2015: 134 - 156.

[201] VERUGGIO G, OPERTO F. Roboethics: social and ethical implications [M]//SICILIANO B, KHATIB O. Springer handbook of robotics. Cham: Springer, 2016: 2135 - 2160.

[202] HOFLICH J R. Relationships to social robots: towards a triadic analysis of media-oriented behavior [J]. Intervalla: Platform for Intellectual Exchange, 2013, 1 (1): 35.

[203] 唐·伊德. 技术与生活世界：从伊甸园到尘世 [M]. 韩连庆, 译. 北京：北京大学出版社, 2012: 14 - 32.

[204] 吴国盛. 技术哲学讲演录 [J]. 中国人民大学学报, 2016 (6): 22.

[205] 保罗·多尔蒂, 詹姆斯·威尔逊. 机器与人：埃森哲论新人工智能 [M]. 赵亚男, 译. 北京：中信出版社, 2018.

[206] 皮埃罗·斯加鲁菲. 人类 2.0：在硅谷探索科技未来 [M]. 牛金霞, 闫景立, 译. 北京：中信出版社, 2017: 80 - 92.

[207] Markets and Markets. Markets and Markets：到 2026 年，人工智能机器人市场价值 353 亿美元 [EB/OL]. (2022 - 01 - 01) [2022 - 11 - 01]. https://baijiahao.baidu.com/s?id=1715230263678155045&wfr=spider&for=pc.

附录A 访谈提纲

一、访谈介绍

1. 建立良好关系。

2. 向被访者简单介绍访谈目的。

3. 向被访者说明访谈所涉及的内容，即了解受访者购买的对话型机器人的日常使用、使用感受和体验。

4. 向被访者解释保密事宜——匿名，以及对保密的承诺。

5. 要求对访谈内容进行录音，争取获得允许；解释录音对研究目的的重要性；若需要可以提供访谈内容的文稿。

6. 在访谈开始前，向被访者出示自己的身份证明，说明本次研究的目的，并表明本次研究不用于商业目的，仅用于学术研究。

二、访谈问题

（一）被访者及其家庭的基本情况

1. 您是否可以简要介绍您的个人基本情况和经历？（包括年龄、籍贯、个人经历、从事的工作、教育程度、职业等）

2. 您是自己住还是和朋友、家人一起住？

3. 如果不是自己居住，能否简要描述一下您的家庭构成和家庭成员情况？

（二）对话型机器人的购买时间和购买理由

1. 您使用对话型机器人多长时间了？

2. 您是出于什么理由去购买的？

3. 您是通过什么渠道购买的？

（三）对话型机器人在家居空间中的摆放位置

1. 您能否简要描绘一下您的家庭居住环境、空间安排等（如客厅、餐厅、卧室等）？

2. 您把对话型机器人摆在家中的什么位置？

3. 这种位置的摆放是您经过深思熟虑的吗？

4. 对话型机器人的摆放位置和您摆放电脑等其他设备的出发点和准则有什么不同？

（四）对话型机器人的使用行为、应用场景和感受

1. 您会每天使用对话型机器人吗？是否可以描述一下使用频率？

2. 您一般在什么场景下使用？能否举出具体的例子？

3. 您一般使用什么功能？是否可以具体描述一下使用场景？

4. 在日常生活中，什么样的场景下或者说哪一个瞬间，您觉得购买对话型机器人还是有点儿用的，或有类似的想法出现？

5. 在日常生活中，什么样的场景下或者说哪一个瞬间，您会觉得机器人没什么用处，或有只是买来玩玩而已等类似的想法？

6. 购买对话型机器人后，您回家后看手机的频次是否有变化？

7. 购买对话型机器人后，您是否在家中曾经实现过多任务处理的场景？

8. 您是否在其他场合接触过或者使用过机器人产品？如果有的话，是否能描述一下？

（五）对家庭中使用的对话型机器人的定位和评价

您是如何定位对话型机器人的？您认为它在您的家庭生活中扮演什么角色？

（先由受访者自由发言和描述，如果受访者无法回答，则提供一些角色定位供其选择，如玩具、工具、助理、玩伴、倾听您说话的物体、陪伴者、朋友等。）

（六）机器人使用与家庭互动

1. 您和您的家庭成员会一起使用对话型机器人吗？能否举个例子描述一下？

2. 您和您的家庭成员一起使用对话型机器人的场景是什么？频率如何？

3. 您家庭中的其他成员是否会使用对话型机器人？使用的场景是什么？

4. 当您的亲友来到您的家中时，您是否会向他们介绍您购买的机器人？

5. 您一般如何介绍您所购买的机器人？

6. 您会考虑给您的父母、亲友购买这类机器人产品吗？

（七）人和机器人的人机交流和传播效果评价

1. 您最常和对话型机器人开展的对话是哪方面的？

2. 您和对话型机器人聊过天吗？如果有，聊天的内容是什么？

3. 您和机器人聊天可以进行到什么程度？

4. 您和机器人的对话一般进行到什么节点？您觉得这种对话有意思还是非常没意思？

5. 您觉得对话型机器人的娱乐和社交技能，比如讲笑话、开玩笑等对您来说有用吗？是否有意义？

6. 您觉得这类对话型机器人是否懂您？它对语言的理解能力怎么样？

7. 您希望对话型机器人在传播效果和语音交互方面有所改进吗？如果是，您希望改进哪些方面？

（八）对话型机器人拟人性的感知和评价

1. 在您看来，对话型机器人有性别吗？

2. 您会使用什么人称代词来称呼对话型机器人，它、她还是他？

（九）机器人发展的展望和接受意愿

1. 请您描绘和想象一下未来机器人将会在家庭、健康、医疗、娱乐、教育等领域扮演什么样的社会角色。是否可以举出几个具体的例子或者描绘一下场景？

2. 以上描绘的社会角色您是否接受？接受意愿如何？

3. 现在进入家庭的机器人都不是人形化的，还是以语音交互为基础，您未来会考虑接受人形化的产品进入您的家庭吗？

4. 您未来会接受机器人进入工作岗位，成为您的同事，和您一起工作吗？

（十）机器人的使用与隐私

1. 您对网络隐私和网络披露有什么看法？

2. 您认为机器人在家庭中的使用是否可能带来隐私问题？

3. 您对此是否表示顾虑和担忧？

（十一）家庭中其他媒介，如手机、电视、电脑、音响等的使用

1. 您家中其他媒介如电视、电脑、音响等的布置和使用是怎样的？（电视是否和家人一起看；对家中孩子看电视的要求，如是否管束；电脑通常放在哪里，

一般都是谁用；是否对孩子使用电脑有所要求；电视、电脑安放的位置等）

2. 能否介绍一下您在家中使用手机的情况？（用手机做什么，如接听电话、发微信、看朋友圈、拍照、上网等）

3. 您在家中常用电脑做什么？（如看新闻、浏览论坛和社交媒体、查找资料、收发邮件、工作、打游戏、网上购物、理财等）您家人使用电脑的情况如何？

4. 在您看来，对话型机器人和手机、电脑、电视这三件物品相比区别在哪里？

5. 您平时会使用Siri或者其他虚拟语音助手吗？如果用的话，是在什么场合中使用？

6. 您平时玩网络游戏吗？是否玩虚拟化身类的游戏？

7. 如果玩游戏，您玩游戏的频率大致怎样？

（十二）日常生活安排

1. 您的日常生活是怎样安排的？比如您每天的生活流程是什么？

2. 您在家中的休闲时间是怎么安排的？

如果不是独居的受访者，还会请受访者谈论其所在家庭共同参与的日常生活内容。

（十三）媒介文化消费

1. 您平时看新科技资讯多吗，如关注相关的微博账号、订阅相关的微信公号或者收看新闻客户端里的频道？

2. 您平时是否看机器人和人工智能类的电影？观看频率怎么样？

3. 您是否会向朋友传播、推荐和转发对话型机器人的有关内容？

4. 有关人工智能、机器人相关的资讯，您一般通过什么渠道获取？是通过社交网络圈闲聊、朋友圈或者自媒体、网络媒体还是传统媒体如报纸和杂志？

（十四）个人特质

1. 您认为自己是一个很新潮的人吗？

2. 您认为自己是一个非常敢于“尝鲜”的人吗？

3. 您对新技术、3C产品一直以来都很关注吗？

4. 您在您的朋友中是否扮演新科技产品推荐者的角色？您的朋友要购买类似的产品会来询问您的意见吗？

5. 您认为自己是一个怕孤独的人还是独处能力较强的人？

（十五）社群网络影响

1. 使用这种产品会不会让您在别人眼里看起来是一个很新潮的人？

2. 您会向您的亲人、朋友、同事、同学等推荐机器人产品吗？

3. 您会和您的亲人、朋友、同事、同学分享您的使用感受吗？

4. 您在网络上是活跃的人吗？例如，是否会在微博上发表评论，在社区论坛发言等？

（十六）其他田野资料的获取

1. 如果与受访者在其家中面对面进行访谈，则可在征得受访者的允许后，拍摄受访者及其家人使用对话型机器人的照片，并承诺不公开使用。

2. 如果与受访者在公共场所如咖啡厅等进行面对面的访谈，则询问受访者随身携带的手机、电脑等设备中是否有与对话型机器人互动的照片或者视频，以及是否可以播放给访谈者观看，并承诺不公开使用。

3. 如果与受访者是在电话中或者线上访谈，则询问受访者是否可以通过线上的方式与访谈者分享自己或家人使用对话型机器人的照片和视频，并承诺不公开使用。

注：需要说明的是，在实际的访谈中，访谈者会根据受访者的回答调整问题顺序、增加问题或者调整问题的方向等。访谈中谈论的话题不限于以上列出的访谈提纲。

附录 B　受访者信息素描

编码	性别	年龄	职业	学历	所在地区	家庭及居住状况	使用的机器人设备
1	男	31	工程师	本科	河北	已婚，一个孩子，和家人同住	小爱同学
2	男	34	工程师	硕士	浙江	已婚，无孩子	小爱同学
3	女	32	教师	本科	河南	已婚，两个孩子	小雅
4	女	35	公务员	硕士	内蒙古	已婚，一个孩子	阿尔法蛋机器人
5	男	32	教师	本科	江西	已婚，两个孩子	天猫精灵
6	男	28	运营人员	大专	北京	未婚，和父母同住	小度
7	男	32	公务员	本科	黑龙江	未婚，单独居住	小爱同学
8	男	30	销售人员	本科	北京	已婚，一个孩子	小度在家、小度
9	女	21	编辑	大专	北京	未婚	小度
10	女	25	财务工作者	本科	辽宁	未婚	小度
11	男	32	设计师	本科	河北	已婚，一个孩子，和父母同住	小度在家
12	男	37	经理	本科	北京	未婚，和女朋友同住	小爱同学
13	女	41	秘书	中专	江西	已婚，一个孩子，和父母同住	天猫精灵
14	女	34	运营人员	本科	山西	已婚，一个孩子	小爱同学
15	男	28	产品经理	本科	河北	未婚，单独居住	小爱同学
16	女	30	运营人员	本科	北京	已婚，一个孩子	小度在家、小度
17	女	26	科研人员	本科	江苏	未婚	小度、小爱同学
18	男	31	财务工作者	本科	河南	已婚，两个孩子	小迪机器人、小度在家
19	女	34	服饰店店员	大专	江西	已婚，一个孩子	小爱同学
20	女	27	自由职业者	大专	河南	已婚，一个孩子	小迪机器人

续表

编码	性别	年龄	职业	学历	所在地区	家庭及居住状况	使用的机器人设备
21	男	29	程序员	硕士	吉林	未婚，单独居住	小爱同学
22	女	40	广告人员	大专	北京	已婚，一个孩子	优必选机器人
23	女	26	市场营销人员	本科	广东	未婚，单独居住	小爱同学
24	男	41	培训师、咨询师	本科	北京	已婚，一个孩子	小度
25	男	58	教师	大专	上海	已婚，两个孩子	小雅、小度在家
26	女	65	退休人员	初中	北京	已婚，两个孩子	小度在家
27	女	38	护士	大专	河南	已婚，两个孩子	阿尔法蛋机器人

附录C 网民对社会机器人的态度和接受意愿调查问卷

您好！我是××大学的博士生，正在进行一项有关社会机器人的态度与接受度的调查，想了解您对机器人的看法、态度，希望您用几分钟时间帮忙填答这份问卷。问卷采用匿名方式填写，仅用于学术研究。题目选项无对错之分，请您按自己的实际情况填写。谢谢您的帮助！

1. 您的受教育程度是什么？[单选题]

○ 初中及以下

○ 高中、技校、中专

○ 大专

○ 大学本科

○ 研究生及以上

2. 您的性别是什么？[单选题]

○ 男性

○ 女性

3. 您的居住地区是什么？[单选题]

○ 国内特大城市（北京、上海、广州、深圳）

○ 国内其他大城市（如省会城市）

○ 国内中小城市（如地级县市）

○ 乡镇

○ 农村

4. 您目前的职业是什么？[单选题]

○ 学生

○ 党政机关、事业单位干部或普通公务员

○ 企业/公司管理人员或职员

○ 专业技术人员

○ 商业/服务业从业人员

○ 制造业/生产业从业人员

○ 个体户/自由职业者

○ 农村外出务工人员

○ 农民

○ 退休人员

○ 无业/下岗/失业人员

○ 其他____________

5. 您的婚恋状况是以下哪种？[单选题]

○ 单身（非以下几种情况）

○ 恋爱中（未同居）

○ 恋爱中（同居）

○ 已婚

○ 离婚

○ 分居

○ 丧偶

6. 您的居住情况是以下哪种？[单选题]

○ 和家人住在一起

○ 独居

○ 和朋友同住

7. 您的居住环境中是否有儿童？[单选题]

○ 没有儿童

○ 家中有一个儿童

○ 家中有两个儿童

○ 家中有两个以上儿童

8. 您的个人税前月收入大约是多少？（包括奖金、工资、津贴等）[单选题]

○ 没有收入

○ 3000 元以下

○ 3000～4999 元

○ 5000～6999 元

○ 7000～8999 元

○ 9000～10 999 元

○ 11 000～12 999 元

○ 13 000～14 999 元

○ 15 000～19 999 元

○ 20 000 元及以上

9. 您的年龄是［填空题］

____

10. 您是否同意以下陈述？［矩阵单选题］

选　项	非常不同意	比较不同意	一般同意	比较同意	非常同意
我很享受使用手机和他人交流					
我很容易学会和掌握手机的使用技能					
我很容易建立起对电子产品的使用习惯					
我觉得使用电脑和他人交流很容易					

11. 以下是对生活观念的一些描述，请问您是否同意以下描述？［矩阵单选题］

选　项	非常不同意	比较不同意	一般同意	比较同意	非常同意
我具有创新精神，比别人先一步接触新产品，很愿意尝试新事物					
我积极关注和参与有关科技的讨论					
使用机器人能让别人觉得我很新潮					
我不担心在网络中个人隐私被收集					
我经常在网络公开平台参加互动，发表自己的看法					
我经常在微信等社交媒体平台上和朋友沟通感情					

12. 您平时对科技资讯的关注或订阅程度如何？[单选题]

○ 非常不关注

○ 不太关注

○ 不关注

○ 比较关注

○ 非常关注

13. 您是否玩过模拟类、角色扮演类或养成类中的某一种游戏？（模拟类，如《第二人生》《模拟人生》《底特律变人》《侠盗飞车》《荒野大镖客》；养成类，如《恋与制作人》《奇迹暖暖》；角色扮演类，如《仙剑》《魔兽世界》等）[单选题]

○ 有

○ 没有（请跳至第15题）

14. 您玩此类游戏的平均频率是多少？[单选题]

○ 每天

○ 每周两到三次

○ 每周一次

○ 两周一次

○ 每月一次

○ 几个月一次

15. 您是否关注机器人主题的影视作品？（如《黑镜》《机器人管家》《西部世界》《机械姬》《银翼杀手》《真实的人类》等）[单选题]

○ 非常不关注

○ 不太关注

○ 不关注

○ 比较关注

○ 非常关注

16. 您获取机器人相关信息的常用渠道是：[矩阵单选题]

机器人相关信息获取渠道	是	不是
传统媒体，如电视、报纸、杂志		
网络媒体，如网站科技新闻频道		
网络媒体，如科技博客		

续表

机器人相关信息获取渠道	是	不是
社交媒体平台，如微博		
社交媒体平台，如微信朋友圈		
朋友告知		
科幻文学作品		
科幻电影、电视剧		
其他，请说明＿＿＿＿＿＿＿＿＿		

17. 以下智能产品中，您使用过哪些？［多选题］

□ 能够识别并回答问题的实体型智能音箱，如小度、小爱同学、天猫精灵

□ 照顾老年人、陪伴孩子的机器人，如 Pepper、Jibo

□ 扫地机器人，如科沃斯、iRobot、小米等

□ 早教机器人，如优必选机器人、阿尔法蛋机器人、巴巴腾儿童机器人等

□ 公共场所服务机器人，如银行客户服务机器人、博物馆导览机器人

□ 能够执行外科手术的机器人，如达芬奇手术机器人

□ 社交媒体机器人，如微博上的机器人账号

□ 虚拟语音助手，如苹果 Siri、微软小冰等

□ 电子商务平台的客户服务机器人，如阿里小蜜等

□ 智能家居产品，如智能灯泡、智能冰箱、智能电视等

□ 可穿戴设备，如智能手表等

□ 以上一个都没有

18. 您是否有过以下经历：［矩阵单选题］

选　项	有	没有
我的家人、朋友等购买过机器人相关智能产品		
我的家人、朋友等会当面和我谈论有关机器人的话题		
我的家人、朋友等会向我转发、推荐有关机器人的最新资讯		

19. 以下有关机器人的表述，您是否同意？［矩阵单选题］

选　项	非常不同意	比较不同意	一般同意	比较同意	非常同意
机器人对社会有利，能够帮助人类，如照顾老人、孩子和残障人士					

续表

选　项	非常不同意	比较不同意	一般同意	比较同意	非常同意
机器人能帮助人，如替代人类进入危险环境					
机器人会威胁到人，如顶替人类的工作岗位					
机器人是一种需要审慎管理的新技术					
机器人是一种使用起来十分容易掌握的产品					
机器人通过语音对话和人交流，非常简单、便捷					

20. 机器人正逐渐进入社会并从事某些工作，如餐饮服务、家政陪护、商场导购、教育辅导、医疗辅助等，您对此的看法是什么？［单选题］

○ 非常支持，机器人能带来很多便利

○ 一般支持，应有所限制

○ 无所谓，顺其自然就好

○ 反对机器人进入社会，机器人可能会威胁人类

21. 以下图片中显示的机器人，您觉得哪些可以进入家庭使用？［多选题］

□扫地机器人

□家庭助理智能音箱

□机器人宠物PRAO

□教育类机器人阿尔法

□ 在酒店和餐厅服务的Pepper

□ 陪伴型机器人Jibo

□ 仿生人形机器人索菲亚

□ 以上都不可以

22. 以下是机器人在家庭、医疗、保健、教育等环境中可以执行的任务。每一行请用1～5分打分，表述您个人的态度和感受。1分表示在这种情形下您非常愿意接受，5分表示您非常不愿意接受。[矩阵单选题]

选　项	1分	2分	3分	4分	5分
机器人给我提供新闻、天气等信息					
机器人给我提供娱乐，如音乐、有声书、游戏、笑话					
机器人担任我的个人助理，如管理时间、日程等					
机器人成为我的对话伙伴，和我交谈或听我说话					
机器人帮我遛狗					
机器人帮助照顾家里的老人和孩子					
机器人担任老师，进行教育辅导					
机器人提供餐饮、出行等服务					
机器人进入专业工作岗位，成为我的同事					
机器人和我住在一起，成为室友、朋友、家庭成员					

23. 以下陈述，请根据您的赞同程度打分，1分为非常不同意，5分为非常同意。[矩阵量表题]

选　项	1分	2分	3分	4分	5分
我会尝试在家居环境中使用社会机器人					
我会和我的家人、朋友等主动谈论有关机器人的话题并转发相关信息					
我会推荐我的家人、朋友等购买机器人产品